項目別集中学習で
最短合格!

高圧ガス
製造保安責任者試験
丙種化学(特別)

三村修一［著］

読者の皆様へ

本書は，国家資格試験「高圧ガス製造保安責任者試験　丙種化学（特別試験科目）」について，平成25年度から令和元年度までの直近7年間の試験問題を分析・解説したものです。

各科目の最初に，過去7年全問題分析一覧表を作成しているので，全体の内容が把握できるとともに，毎年出題されている問題，そうでない問題も一目でわかりますので，ご活用ください。

本書では，すべての問題を項目別（分野別）に分類しています。これにより学習すべき全体像が可視化でき，焦らずに計画的に，さらに項目ごとに効率よく（頻出項目も重点的に）学習できます。習得項目を増やしていく度に自信が一つ一つ積み上がるとともに，学習完了分と未完了分と頻出度合いを把握することによって，後どれくらい学習すると合格できるかを実感できるでしょう。

また，本書では，設問文と解答説明を別々に記載せずに，設問文に直接解答説明を書き込んでいます。正解の設問の場合文頭に○印を，不正解の設問の場合，文頭に×印を記載するとともに，どこが間違っているかを赤字で訂正・解説しました。これにより，設問文と解答説明を見比べる時間の短縮を図っています。

法令では，各設問のイ，ロ，ハの3つの選択肢を完全に分離してまとめていますが，各選択肢出題年度と問題番号が一目でわかるように掲載してあります。保安，学識も出題年度と問題番号を掲載しています。

さらに，法令では，各項目の記述内容の理解を助けるために，各頁の右側に分析キーワード欄を設け，記述内容を分析しその要点を分析キーワードとして解説しました。

学識では，計算問題が毎年必ず出題されています。本書では計算問題を5つの項目に分類しわかりやすく解説しています。計算問題の種類は限られ，かつ，頻出問題はそう難しくはありません。頻出問題は短時間で攻略可能なので，点数アップに寄与できるものと思います。なお，「計算問題まとめ」を記載し暗記の一助になると考えます。

高圧ガス製造保安責任者は，高圧ガスによる災害を防止するための鍵となる重要な職務を担っています。読者の皆様は，すでに実務に携わられて，現場ではいろいろな問題に遭遇し解決されている傍ら，少ない自由時間のなかで試験勉強に頑張っておられる方が多いと思います。本書が，より少ない学習時間で合格に導く手助けになれば幸いです。本書の読者から多くの合格者が誕生すれば，これに勝る喜びはありません。

2020 年 10 月

著者しるす

本書の特徴と構成

本書は，「読者の皆さまへ」でも記載したように，少ない時間で効率よく受験対策ができることが特徴となっています。この一冊を学習すれば，十分に試験に合格できるレベルに達します。

法令

1．過去7年全問題について項目一覧を作成，問題グループ別に7つのブロックに分類。

①高圧ガス保安法（目的・定義）（出題：問1）

イ）高圧ガス保安法目的…毎年ほぼ同じような問題です。

ロ，ハ）高圧ガスの定義…液化ガスと圧縮ガスについて，毎年ほぼ同じパターン。

②第一種製造者等（出題：問2～問4）

丙種化学 法令 問題(R1年～H25年)項目一覧

	問	項目
①	1	高圧ガス保安法（目的），ガスの定義
②	2 ∫ 4	第一製造者，特定高圧ガス消費者，知事の許可，販売業者，販売の事業，第一種・二種貯蔵所，廃棄，高圧ガス保安法の適用
③	5 6	【容器及びその付属品】 一般継ぎ目なし容器，溶接容器の再検査，バルブの附属品再検査，内容積，刻印，明示，表示，廃棄，損傷，譲渡・引渡し，充てん条件
④	7	【液化石油ガスの特定高圧ガス消費者】 距離，周囲5メートル以内，取扱主任者，同一の基礎に緊結
⑤	8 9	【コンビ則適用（[例]の条件は7年とも同じ】 一技術上の基準について一 特殊反応設備，距離，1メートル又は4分の1，30メートル，50メートル，インターロック機構，外部からのガス侵入を防ぐための装置，水，計器室，輸送を開始又は停止，標識，危険な状態，警報器，緊急遮断装置，区画，区域，フランジ結合
⑥	10 ∫ 12	【一般則適用（[例]の条件は7年とも同じ)】 一事業者について一 危害予防規定，保安教育計画，特定変更工事，変更工事，特定施設の保安検査，自主検査，保安統括者，保安係員
⑦	13	【一般則適用（[例]の条件は7年とも同じ)】 一技術上の基準について一 漏えい，沈下状況，容器置場，温度上昇を防止す

丙種化学 法令 問題分析一覧

問	令和1年
1	イ 保安法（目的）　ロ ガスの定義 ハ ガスの定義
2	イ 保安法の適用　ロ 知事の認可 ハ 変更
3	イ 販売業者　ロ 販売の事業 ハ 特定高圧ガス消費者
4	イ 災害が発生したとき　ロ 廃棄 ハ 危険な状態になったとき
5	イ 刻印　ロ 表示　ハ 処分（廃棄）
6	イ 明示　ロ 刻印　ハ 容器再検査
7	イ 距離　ロ 周囲5メートル以内 ハ 取扱主任者
8	イ インターロック機構　ロ 計器室の構造 ハ 訓練のため警報器を鳴らすとき
9	イ 距離 ロ 30メートル以上の距離 ハ 特殊反応設備
10	イ 特定変更工事　ロ 変更工事 ハ 危害予防規程
11	イ 保安検査　ロ 定期自主検査 ハ 保安教育計画
12	イ 保安係員（選任）　ロ 保安係員（講習） ハ 保安係員（選任・解任）
13	イ 漏えい（貯槽）　ロ 耐圧試験 ハ 沈下状況
14	イ 液面計　ロ 停電等　ハ 直近のバルブ

③容器及びその付属品（出題：問 5，問 6）

一般継ぎ目なし容器，溶接容器の再検査，バルブの附属品再検査，内容積，刻印等

④液化石油ガスの特定高圧ガス消費者（出題：問 7）

「距離」，「周囲 5 メートル以内」，「取扱主任者」，「同一の基礎に緊結」の 4 つのキーワードから毎年 3 つ必ず出題されています。

⑤コンビ則適用―技術上の基準について―（出題：問 8，問 9）

［例の条件は毎年（7 年とも）同じ（H25 年のみ処理能力値が異なりますが解答には影響しません。）］

「技術上の基準について」のみで「事業者について」の問題はありません。

⑥一般則適用―事業者について―（出題：問 10～問 12）

［例の条件は毎年（7 年とも）同じ（H25 年のみ処理能力値が異なりますが解答には影響しません。）］

⑦一般則適用―技術上の基準について―（出題：問 13～問 20）

［例の条件は毎年（7 年とも）同じ（H25 年のみ処理能力値が異なりますが解答には影響しません。）］

2．各設問のイ，ロ，ハの 3 つの選択肢を完全に分離してまとめていますが，各選択肢出題年度と問番号が一目で分かるように掲載してあります。

3．各項目の記述内容の理解を助けるために，各頁の右側に分析キーワード欄を設け，記述内容を分析しその要点を分析キーワードとして解説しました。

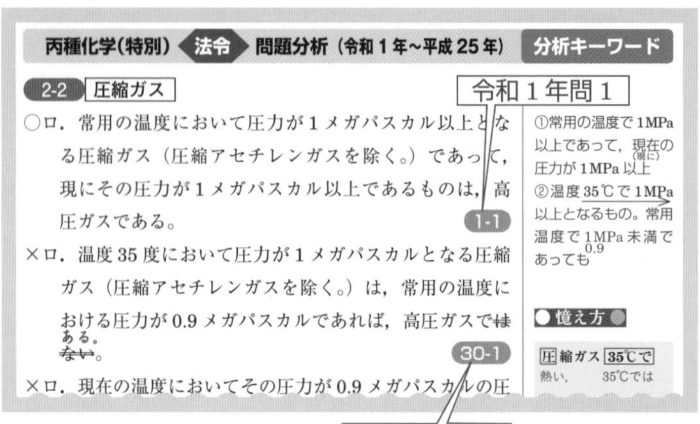

保安

1．30の保安知識（項目）に分類しました。項目一覧表の30の保安知識の（　）内の数字は出題年度を表しています。

例，金属材料（1,29,28,27,26,25）は令和1年，平成29，28，27，26，25年に出題。

2．30の保安知識項目について，出題回数の多い順に学習していくのも効率的な学習方法と言えるでしょう。

例，項目1：金属材料（1,29,28,27,26,25），非金属材料（30）
項目2：金属の腐食と暴食（1,30,29,28,27,26,25）
項目12：漏えい関係（1,30,29,28,27,26,25）
項目13：安全装置（1,30,29,28,27,26,25）
項目24：保全：保全方式（1,30,29,27），保全計画（28,26,25）

丙種化学〈保安〉問題(R1年～H25年)項目一覧

項目	30の保安知識（項目）
1	金属材料(1,29,28,27,26,25)，非金属材料(30)
2	金属の腐食と防食(1,30,29,28,27,26,25)
3	溶接(1,29,27,26,25)
4	非破壊試験(30,29,28,27,26)
5	貯層，塔槽および熱交換器(1,30,28,27,26)
6	選定：軸封装置(1,29,25)，計装機器(30)，計測機器(29)，計測器(26)
7	バルブ：バルブについて(1)，配管ガスケットおよびバルブ(30,28)，バルブの操作(28)，バルブの断面図とバルブの名称(25)
8	ポンプの運転(1,29,27,26)
9	安全計装(1,28,25)
10	圧縮機：圧縮機の操作(1)，調節・調整(30,25)，運転(28,27,26)
11	危険箇所区分(29)，防爆構造(27)
12	漏えい：ガス漏えい検知警報設備(1,28,27,26,25)，

丙種化学〈保安〉問題分析一覧

問	令和1年	平成30年
1	金属材料の用途	金属材料の説明
2	防食法と代表例	金属材料の腐食と防食
3	溶接	非破壊試験
4	塔槽，貯層および熱交換器	塔槽，貯層および熱交換器
5	バルブ	配管，ガスケットおよびバルブ
6	安全計装	計装機器の選定
7	圧縮機の操作	遠心圧縮機の調節
8	ポンプの運転	配管フランジ締め付け

国試丙種化学(特別)〈保安〉問題分析（令和1年～平成25年）

問1　次のイ，ロ，ハの記述のうち，金属材料の選定について正しいものはどれか。　平成27

○イ．高温での強度が高く，加工性が良いクロムモリブデン鋼を高温用ボルトの材料として選定した。

×ロ．3.5％ニッケル鋼を液化天然ガス貯槽の材料として選定した。（最低使用温度－110℃　沸点－161℃）

×ハ．腐食を防止するため海水の配管の材料としてアルミニウムを選定~~した~~しない。（は海水に侵されるため海水の配管の材料には不適である。）

①イ　(2) ロ　(3) ハ　(4) イ，ロ　(5) ロ，ハ

学識

1．24の学識知識（項目）に分類しました。項目一覧表の24の学識知識の（　）内の数字は出題年度を表しています。

2．過去7年全問題分析一覧表に，計算問題は赤字で記載しコメント及び難易別を表示しました。

3．項目の1～5は計算問題です。
「計算問題まとめ」の頁を作って公式等重要点をまとめて記載しました。

4．計算問題は，1　アボガドロ　2　ボイル・シャルル　3　蒸発熱　4　引張荷重　5　メタン・ブタン等の完全燃焼反応式　に分類しました。

5．計算問題の種類は多くありません。また，頻出問題はそう難しくありません。
　頻出問題は比較的短時間で攻略できそうなので（コスパ最高），何度も練習して，頻出問題が出題されたら正解して点数を稼いでいただければ幸いです。
特に引張荷重問題はこの7年間毎年出題されています。

6．準計算問題の完全燃焼反応式の係数を求める問題も解法がやさしいので，是非マスターして，もし出題されたらこれも正解して点数を稼いでいただければ幸いです。

7．項目6メタノール，アンモニア合成反応の熱科学方程式は出題頻度が高いです。
　平衡濃度の圧力と温度の関係は，一見ややこしいですがポイントを押えると易しいです。P170に「メタノール，アンモニア，合成反応の熱化学方程式のまとめ」として掲載しました。

8．項目7単位～項目24ポンプまでまんべんなく出題されています。
　1つ1つ攻略してください。

丙種化学学識（R1年～H25年）項目一覧

項目	24の学識知識（項目）
	計算問題
1	アボガドロ(1,29,27,25)
2	ボイル・シャルル(1,30,28,27)，状態方程式(26)
3	蒸発熱(顕熱と潜熱)(1,29,26)，潜熱顕熱気化熱について(28)，伝熱速度(25)　↑計算問題ではないですが
4	引張荷重（引張強さ(1,30,28,26,25)，伸び(29,27)）
5	メタン，ブタンの完全燃焼反応式（空気量(30,27)，濃度(26)） プロパン，プロピレン，ブタンの完全燃焼反応式(係数(1,29,25))
6	メタノール，アンモニア合成反応の熱化学方程式(30,29,28,27,25)

丙種化学学識問題分析一覧

問	令和1年	平成30年
1	単位	単位
2	プロパンの体積 アボガドロ（計算）	物質と分子
3	理想気体について ロ．ボイルシャルル（計算）	理想気体について ロ．ボイルシャルル（計算）
4	物質の状態変化について	物質の状態図
5	飽和蒸気圧と沸点について	飽和蒸気圧と沸点について
6	気化に何kJの熱か 蒸発熱（計算）	アンモニアの熱化学方程式
7	プロパンの燃焼式 【易】数値穴埋め	メタンの燃焼式 【易】酸素量から空

高圧ガス
製造保安責任者試験
丙種化学（特別）

第2章　保安 問題分析 79

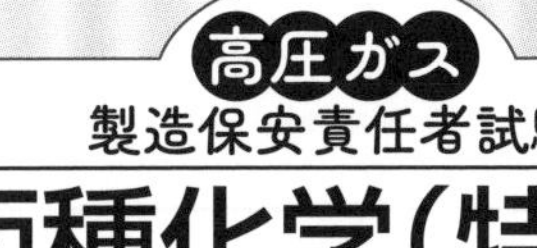

丙種化学（特別）

第1章

法令

問題分析

丙種化学 法令 問題（R1年〜H25年）項目一覧

問	項目
1	高圧ガス保安法（目的），ガスの定義
2〜4	第一種製造者，特定高圧ガス消費者，知事の許可，販売業者，販売の事業，第一種・二種貯蔵所，廃棄，高圧ガス保安法の適用
5 6	【容器及びその付属品】 一般継ぎ目なし容器，溶接容器の再検査，バルブの附属品再検査，内容積，刻印，明示，表示，廃棄，損傷，譲渡・引渡し，充てん条件
7	【液化石油ガスの特定高圧ガス消費者】 距離，周囲5メートル以内，取扱主任者，同一の基礎に緊結
8 9	【コンビ則適用（[例]の条件は7年とも同じ】 ー技術上の基準についてー 特殊反応設備，距離，1メートル又は4分の1，30メートル，50メートル，インターロック機構，外部からのガス侵入を防ぐための装置，水，計器室，輸送を開始又は停止，標識，危険な状態，警報器，緊急遮断装置，区画，区域，フランジ結合
10〜12	【一般則適用（[例] の条件は7年とも同じ)】 ー事業者についてー 危害予防規定，保安教育計画，特定変更工事，変更工事，特定施設の保安検査，自主検査，保安統括者，保安係員
13〜20	【一般則適用（[例] の条件は7年とも同じ)】 ー技術上の基準についてー 漏えい，沈下状況，容器置場，温度上昇を防止するための措置，バルブ又はコックには作業員が適切に操作できるような措置，配管とバルブの接合に溶接，液面計，高圧ガス設備に使用する材料，耐圧試験，圧力計，気密試験，耐震設計，防爆性能，適切な消火設備を適切な箇所に設けなければならない，修理，止め弁，安全装置，安全弁，直近のバルブ，障壁，距離，停電等，有害なひずみ，容器の取扱い，同一の基礎に緊結，可燃性ガスの識別，数字関係

丙種化学 法令 問題分析一覧

問	令和1年
1	イ 保安法（目的）　ロ ガスの定義 ハ ガスの定義
2	イ 保安法の適用　ロ 知事の認可 ハ 変更
3	イ 販売業者　ロ 販売の事業 ハ 特定高圧ガス消費者
4	イ 災害が発生したとき　ロ 廃棄 ハ 危険な状態になったとき
5	イ 刻印　ロ 表示　ハ 処分（廃棄）
6	イ 明示　ロ 刻印　ハ 容器再検査
7	イ 距離　ロ 周囲5メートル以内 ハ 取扱主任者
8	イ インターロック機構　ロ 計器室の構造 ハ 訓練のため警報器を鳴らすとき
9	イ 距離 ロ 30メートル以上の距離 ハ 特殊反応設備
10	イ 特定変更工事　ロ 変更工事 ハ 危害予防規程
11	イ 保安検査　ロ 定期自主検査 ハ 保安教育計画
12	イ 保安係員（選任）　ロ 保安係員（講習） ハ 保安係員（選任・解任）
13	イ 漏えい（貯槽）　ロ 耐圧試験 ハ 沈下状況
14	イ 液面計　ロ 停電等　ハ 直近のバルブ
15	イ 温度の上昇を防ぐ措置 ロ 溶接以外の接合 ハ バルブ適切に操作できるように
16	イ 防爆性能　ロ 漏えい（危険標識） ハ 容器置場
17	イ 安全弁　ロ 圧力計　ハ 気密試験
18	イ 障壁　ロ 安全装置　ハ 漏えい（警報）
19	イ 修理　ロ 容器置場　ハ 容器置場
20	イ 止め弁　ロ 数字関係（90%） ハ 1日に1回以上

丙種化学〈法令〉問題分析一覧

問	平成 30 年	問	平成 29 年
1	イ 保安法（目的）　ロ ガスの定義 ハ ガスの定義	1	イ 保安法（目的）　ロ ガスの定義 ハ ガスの定義
2	イ 保安法の適用　ロ 知事の認可 ハ 変更	2	イ 保安法の適用　ロ 知事の認可 ハ 第一種製造者
3	イ 販売業者　ロ 販売事業 ハ 特定高圧ガス消費者	3	イ 販売業者　ロ 販売 ハ 特定高圧ガス消費者
4	イ 廃棄　ロ 危険な状態になったとき ハ 災害が発生したとき	4	イ 廃棄　ロ 危険な状態になったとき ハ 盗まれた時
5	イ 容器への充填量　ロ 刻印 ハ 容器再検査	5	イ 譲渡・引渡し　ロ 溶接容器の再検査 ハ 附属品の再検査
6	イ 刻印　ロ 刻印 ハ バルブの附属品再検査	6	イ 充てん条件　ロ 再検査表示 ハ 表示変更
7	イ 距離　ロ 周囲 5 メートル以内 ハ 取扱主任者	7	イ 距離　ロ 周囲 5 メートル以内 ハ 取扱主任者
8	イ 距離 ロ インターロック機構 ハ ガスの侵入を防ぐ	8	イ 50 メートル ロ 特殊反応設備　ハ 標識
9	イ 水　ロ 緊急遮断装置　ハ 距離	9	イ 区画　ロ 水　ハ 距離
10	イ 保安係員（選任）　ロ 保安係員（講習） ハ 保安係員（職務）	10	イ 危害予防規程　ロ 保安教育計画 ハ 保安検査
11	イ 危害予防規程　ロ 保安教育計画 ハ 保安係員（選任）	11	イ 特定変更工事　ロ 保安係員（選任） ハ 保安係員（講習）
12	イ 保安検査　ロ 自主検査 ハ 特定変更工事	12	イ 保安係員（選任）　ロ 保安統括者 ハ 自主検査
13	イ 漏えい（貯槽） ロ 漏えい（滞留しない構造）　ハ 耐圧試験	13	イ 漏えい（貯槽） ロ 漏えい（滞留しない構造）　ハ 耐圧試験
14	イ 液面計　ロ 沈下状況 ハ 漏えい（貯槽）	14	イ 液面計　ロ 沈下状況 ハ 漏えい（貯槽）
15	イ 温度の上昇を防ぐ措置 ロ 配管とバルブの接合に溶接　ハ 距離	15	イ 停電等　ロ 溶接が適当でない場合 ハ バルブ適切に操作できるように
16	イ 防爆性能　ロ 漏えい（危険標識） ハ 漏えい（連動装置）	16	イ 防爆性能　ロ 漏えい（危険標識） ハ 漏えい（製造施設）
17	イ 数字関係（8 メートル以上） ロ ガス設備に使用する材料　ハ 気密試験	17	イ 数字関係（8 メートル以上） ロ 防消火設備を適切な箇所に　ハ 気密試験
18	イ 漏えい（警報）　ロ 安全弁 ハ 防火設備を適切な箇所に	18	イ ガス設備に使用する材料　ロ 圧力計 ハ 耐圧設計
19	イ 止め弁　ロ 1 日 1 回以上　ハ 修理	19	イ 止め弁　ロ 数字関係（90%） ハ 1 日に 1 回以上
20	イ 容器置場　ロ 容器置場 ハ 容器の取り扱い	20	イ 修理　ロ 容器置場　ハ 容器置場

丙種化学〈法令〉問題分析一覧

問	平成 28 年	問	平成 27 年
1	イ 保安法（目的） ロ ガスの定義 ハ ガスの定義	1	イ 保安法（目的） ロ ガスの定義 ハ ガスの定義
2	イ 知事の認可 ロ 変更 ハ 保安法の適用	2	イ 第一種製造者 ロ 知事の認可 ハ 保安法の適用
3	イ 合併 ロ 販売の事業 ハ 特定高圧ガス消費者	3	イ 貯蔵 ロ 販売の事業 ハ 製造開始・廃止
4	イ 第一種貯蔵所 ロ 第一種貯蔵所 ハ 第一種貯蔵所	4	イ 3000 kg ロ 特定高圧ガス消費者 ハ 危険な状態になったとき
5	イ 刻印 ロ 溶接容器の再検査 ハ バルブの附属品再検査	5	イ 示された圧力以下 ロ 内容積 ハ 明示等
6	イ 刻印 ロ 廃棄 ハ 示された質量以下	6	イ 譲渡し引渡し ロ 一般継目なし容器 ハ バルブの附属品再検査
7	イ 距離 ロ 周囲 5 メートル以内 ハ 取扱主任者	7	イ 距離 ロ 周囲 5 メートル以内 ハ 取扱主任者
8	イ 距離 ロ フランジ接合 ハ ガスの侵入を防ぐ	8	イ ガスの侵入を防ぐ ロ 一律に 30 メートル以上 ハ 輸送を開始又は停止
9	イ 1 メートル又は 4 分の 1 ロ 区域 ハ 特殊反応設備	9	イ インターロック機構 ロ 1 メートル又は 4 分の 1 ハ 水
10	イ 特定変更工事 ロ 危害予防規程 ハ 保安教育計画	10	イ 変更工事 ロ 危害予防規程 ハ 保安教育計画
11	イ 保安統括者 ロ 保安係員（選任） ハ 保安統括者	11	イ 保安係員（選任） ロ 保安係員（監督） ハ 保安係員（選任）
12	イ 保安係員（講習） ロ 保安検査 ハ 自主検査	12	イ 保安係員（講習） ロ 保安検査 ハ 自主検査
13	イ 漏えい（措置） ロ 温度の上昇を防ぐ措置 ハ 容器置場	13	イ 沈下状況 ロ 漏えい（措置） ハ 液面計
14	イ 漏えい（滞留しない構造） ロ 沈下状況 ハ 漏えい（5000 L 以上）	14	イ 直近のバルブ ロ 漏えい（5000 L 以上） ハ 温度の上昇を防ぐ措置
15	イ 直近のバルブ ロ 溶接が適当でない場合 ハ バルブ適切に操作できるように	15	イ 溶接が適当でない場合 ロ バルブ適切に操作できるように ハ 漏えい（滞留しない構造）
16	イ 防爆性能 ロ 漏えい（危険標識） ハ 漏えい（製造設備）	16	イ 漏えい（製造設備） ロ 漏えい（連動装置） ハ 容器置場
17	イ 数字関係（8 メートル以上） ロ 障壁 ハ 気密試験	17	イ 障壁 ロ 数字関係（10 メートル以上） ハ 数字関係（8 メートル以上）
18	イ ガス設備に使用する材料 ロ 有害なひずみ ハ 耐震設計	18	イ 圧力計 ロ 安全装置 ハ 安全弁
19	イ 修理 ロ 安全装置 ハ 容器置場	19	イ 漏えい（警報） ロ 同一の基礎に緊結 ハ 防消火設備を適切な箇所に
20	イ 止め弁 ロ 1 日に 1 回以上 ハ 漏えい（警報）	20	イ 気密試験 ロ ガス設備に使用する材料 ハ 耐震設計

丙種化学 法令 問題分析一覧

問	平成26年	平成25年
1	イ 保安法（目的）　ロ ガスの定義 ハ ガスの定義	イ 保安法（目的）　ロ ガスの定義 ハ ガスの定義
2	イ 知事の認可　ロ 譲渡　ハ 変更	イ 知事の認可　ロ 第一種製造者 ハ 販売業者
3	イ 貯蔵　ロ 3000 kg　ハ 導管より陸揚げ	イ 販売の事業　ロ 3000 kg ハ 特定高圧ガス消費者
4	イ 運転者2人　ロ 特定高圧ガス消費者 ハ 廃棄	イ 廃棄　ロ 危険な状態になったとき ハ 異常
5	イ 内容積　ロ 刻印　ハ 表示	イ 内容積　ロ 明示等　ハ 刻印
6	イ 一般継目なし容器 ロ バルブの附属品再検査　ハ 廃棄	イ バルブの附属品再検査　ロ 損傷 ハ 一般継目なし容器
7	イ 距離 ロ 周囲5メートル以内 ハ 取扱主任者	イ 距離 ロ 周囲5メートル以内 ハ 取扱主任者
8	イ 特殊反応設備　ロ 設備が危険な状態 ハ 標識	イ 1メートル又は4分の1 ロ 一律に30メートル以上 ハ 輸送を開始又は停止
9	イ 距離 ロ 1メートル又は4分の1 ハ インターロック機構	イ 計器室の構造 ロ 特殊反応設備 ハ 貯層が危険な状態
10	イ 特定変更工事　ロ 危害予防規程 ハ 保安教育計画	イ 数字関係（10メートル以上） ロ ガス設備に使用する材料　ハ 有害なひずみ
11	イ 保安技術管理者　ロ 保安係員（監督） ハ 保安係員（講習）	イ 容器置場　ロ 温度の上昇を防ぐ措置 ハ 漏えい（容器置場）
12	イ 保安係員（選任）　ロ 保安検査 ハ 自主検査	イ 漏えい（製造設備）　ロ 修理 ハ 止め弁
13	イ 漏えい（貯層） ロ 漏えい（滞留しない構造）　ハ 耐圧試験	イ 1日に1回以上　ロ 数字関係（90%） ハ 容器置場
14	イ 液面計　ロ 沈下状況 ハ 漏えい（5000 L以上）	イ ガス設備に使用する材料 ロ 数字関係（8メートル以上）　ハ 距離
15	イ 距離　ロ 溶接が適当でない場合 ハ バルブ適切に操作できるように	イ 耐圧試験　ロ 漏えい（5000 L以上） ハ 漏えい（危険標識）
16	イ 防爆性能　ロ 容器置場 ハ 漏えい（危険標識）	イ 沈下状況 ロ バルブ適切に操作できるように ハ 液面計
17	イ 数字関係（8メートル以上） ロ 数字関係（10メートル以上）　ハ 気密試験	イ 漏えい（警報）　ロ 可燃性ガスの識別 ハ 漏えい（連動装置）
18	イ 障ガス設備に使用する材料 ロ 漏えい（警報）　ハ耐震設計	イ 特定変更工事　ロ 危害予防規程 ハ 保安教育計画
19	イ 防消火設備を適切な箇所に　ロ 安全装置 ハ 安全装置	イ 保安係員（選任）　ロ 保安係員（講習） ハ 保安係員（監督）
20	イ 止め弁　ロ 修理　ハ 容器置場	イ 保安統括者　ロ 保安検査　ハ 自主検査

1-1 高圧ガス保安法（出題：問１）

1 目 的

×イ．高圧ガス保安法は，高圧ガスによる災害を防止するため，高圧ガスの製造，貯蔵，販売，移動その他の取扱及び消費並びに容器の製造及び取扱を規制すること~~のみ~~（のみではない）を目的としている。 1-1

○イ．高圧ガス保安法は，高圧ガスによる災害を防止して公共の安全を確保する目的のため，高圧ガス保安協会による高圧ガスの保安に関する自主的な活動を促進することも定めている。 30-1

×イ．高圧ガス保安法は，高圧ガスによる災害を防止するため，高圧ガスの製造，貯蔵，販売，移動その他の取扱及び消費並びに容器の製造及び取扱を規制すること~~のみ~~（のみではない）を目的としている。 29-1

○イ．高圧ガス保安法は，高圧ガスによる災害を防止し，公共の安全を確保する目的のために，高圧ガスの容器の製造および取扱についても規制している。 28-1

×イ．高圧ガス保安法は，高圧ガスによる災害を防止して公共の安全を確保する目的のために，高圧ガスの製造，貯蔵，販売，移動その他の取扱及び消費並びに容器の製造及び取扱について規制すること~~のみ~~（のみではない）を定めている。

27-1

○イ．高圧ガス保安法は，高圧ガスによる災害を防止して公共の安全を確保する目的のために，高圧ガスの製造，貯蔵，販売，移動その他の取扱及び消費並びに容器の製造及び取扱を規制するとともに，民間事業者及び高圧ガス保安協会による高圧ガスの保安に関する自主的な活動を促進することを定めている。 26-1

「のみ」を目的,「のみ」を定めている選択肢の表記はまずマチガイ。

〔法〕第１条の「法の目的」についての問題である。〔法〕第１条を次に示す。

法 第１条

この法律は，高圧ガスによる災害を防止するため，高圧ガスの製造，貯蔵，販売，移動その他の取扱及び消費並びに容器の製造及び取扱を規制するとともに，民間事業者及び高圧ガス保安協会による高圧ガスの保安に関する自主的な活動を促進し，もって公共の安全を確保することを目的とする。

●理解しやすく，分解すると，

（目的）第１条　この法律は，高圧ガスによる災害を防止するため，

①高圧ガスの製造，貯蔵，販売，移動その他の取扱及び消費（を規制する）

並びに

容器の製造及び取扱を規制するとともに，

②民間事業者及び高圧ガス保安協会による

○イ．高圧ガス保安法は，高圧ガスによる災害を防止するため，高圧ガスの製造，貯蔵，販売等を規制するとともに，民間事業者及び高圧ガス保安協会による高圧ガスの保安に関する自主的な活動を促進し，もって公共の安全を確保することを目的としている。 25-1

高圧ガスの[保安]に関する[自主的な活動]を促進し，
もって公共の[安全を確保]することを目的とする。

2 定　義

2-1 液化ガス

○ハ．圧力が 0.2 メガパスカルとなる場合の温度が 15 度である液化ガスは，高圧ガスである。 1-1

×ハ．圧力が 0.2 メガパスカルとなる場合の温度が 35 度以下である液化ガスは，現在の圧力が 0.1 メガパスカルであれば，高圧ガスでは~~ない~~（ある）。 30-1

○ハ．圧力が 0.2 メガパスカルとなる場合の温度が ~~20 度~~（35度以下だから）である液化ガスは，常用の温度における圧力が 0.2 メガパスカル未満であっても高圧ガスである。 29-1

○ハ．圧力が 0.2 メガパスカルとなる場合の温度が ~~20 度~~（35度以下だから）である液化ガスは，常用の温度における圧力が 0.2 メガパスカル未満であっても高圧ガスである。 27-1

○ハ．常用の温度において圧力が 0.2 メガパスカル以上となる液化ガスであって，現在の圧力が 0.2 メガパスカルであるものは，高圧ガスである。 28-1

○ロ．圧力が 0.2 メガパスカルとなる場合の温度が ~~25 度~~（35度以下だから）である液化ガスは，高圧ガスである。 26-1

○ロ．液化ガスであって，その圧力が 0.2 メガパスカルとなる場合の温度が ~~30 度~~（35 度以下だから）であるものは，常用の温度において圧力が 0.2 メガパスカル未満であっても高圧ガスである。 25-1

①常用の温度で 0.2 MPa 以上であって，現在の圧力が 0.2 MPa 以上
② 0.2 MPa となる場合の温度が 35 ℃以下
⟶ (30℃ 25℃ 20℃) なら常用温度で 0.2 MPa 未満であっても

2-2 圧縮ガス

○ロ．常用の温度において圧力が1メガパスカル以上となる圧縮ガス（圧縮アセチレンガスを除く。）であって，現にその圧力が1メガパスカル以上であるものは，高圧ガスである。 1-1

×ロ．温度35度において圧力が1メガパスカルとなる圧縮ガス（圧縮アセチレンガスを除く。）は，常用の温度における圧力が0.9メガパスカルであれば，高圧ガスで~~はない~~ある。 30-1

×ロ．現在の温度においてその圧力が0.9メガパスカルの圧縮窒素であって，温度35度において圧力が1メガパスカルとなるものは高圧ガスで~~はない~~ある。 29-1

○ロ．温度35度において圧力が1メガパスカル以上となる圧縮ガス（圧縮アセチレンガスを除く。）は，常用の温度における圧力が1メガパスカル未満であっても高圧ガスである。 28-1

×ロ．温度35度において圧力が1メガパスカルとなる圧縮ガス（圧縮アセチレンガスを除く。）は，常用の温度における圧力が0.9メガパスカルであれば高圧ガスで~~はない~~ある。 27-1

×ハ．現在の温度においてその圧力が0.9メガパスカルの圧縮窒素であって，温度35度において圧力が1メガパスカルとなるものは高圧ガスで~~はない~~ある。 26-1

○ハ．圧縮ガス（圧縮アセチレンガスを除く。）であって，現在の圧力が1メガパスカル未満のものであっても，温度35度で圧力が1メガパスカル以上となるものは高圧ガスである。 25-1

①常用の温度で1MPa以上であって，現在の（現に）圧力が1MPa以上

②温度35℃で1MPa以上となるもの。常用温度で1MPa（0.9）未満であっても

憶え方

圧縮ガス 35℃で
暑い，35℃では

1M P a 以上（いま）
今 以上

1-2 第一種製造者等（出題：問 2～問 4）

1 第一種製造者

1-1 許　可

○ハ．第一種製造者は，高圧ガスの製造施設の位置，構造又は設備の変更の工事をしようとするときは，その工事が定められた軽微な変更の工事である場合を除き，都道府県知事の許可を受けなければならない。 29-2

○イ．第一種製造者は，高圧ガスの製造施設の位置，構造又は設備の変更の工事をしようとするときは，その工事が定められた軽微なものである場合を除き，都道府県知事の許可を受けなければならない。 27-2

○ロ．第一種製造者は，高圧ガスの製造施設の位置，構造又は設備の変更の工事をしようとするときは，その工事が定められた軽微なものである場合を除き，都道府県知事の許可を受けなければならない。 25-2

処理能力毎日（第二種ガス 100 立方メートル以上，第一種ガス 300 立方メートル以上），許可を受けた者

第一種製造者は，高圧ガスの製造施設の位置，構造又は設備の変更の工事をしようとするときは，その工事が定められた軽微なものである場合を除き，都道府県知事の許可を受けなければならない。

1-2 災害が発生したとき

×イ．第一種製造者が所有し，又は占有する高圧ガスについて災害が発生したときは，遅滞なく，その旨を都道府県知事等又は警察官に届け出なければならないが，その所有し，又は占有する容器を喪失したときはその必要はない。 1-4

○ハ．第一種製造者，第二種製造者又は販売業者以外の者であっても，高圧ガス又は容器を取り扱う者は，その所有し，又は占有する高圧ガスについて災害が発生したときは，遅滞なく，その旨を都道府県知事等又は警察官に届け出なければならない。 30-4

第一種製造者，第二種製造者又は販売業者以外の者であっても，高圧ガス又は容器を取り扱う者は，その所有し，又は占有する高圧ガスについて災害が発生したときは，遅滞なく，その旨を都道府県知事等又は警察官に届け出なければならない。

1-3 危険な状態

○ロ．第一種製造者は，所有し，又は占有する製造施設が危険な状態となったときは，直ちに，所定の応急の措置を講じなければならない。 29-4

○ハ．第一種製造者は，所有し，又は占有する製造施設が危険な状態となったときは，直ちに，所定の応急の措置を講じなければならない。 27-4

○ロ．高圧ガスの製造施設が危険な状態になったときは，その施設の所有者又は占有者は，直ちに，応急の措置を講じなければならない。また，この事態を発見した者は，直ちに，その旨を都道府県知事又は警察官，消防吏員若しくは消防団員若しくは海上保安官に届け出なければならない。 25-4

第一種製造者は所有し又は占有する製造施設が危険な状態となったときは，直ちに所定の応急の措置を講じなければならない。

製造施設

○ハ．高圧ガスの製造施設が危険な状態になったときに，この製造施設の所有者又は占有者がとるべき危険時の措置として，直ちに，応急の措置を行うとともに製造の作業を中止し，製造設備内のガスを安全な場所に移し，又は大気中に安全に放出し，この作業に特に必要な作業員のほかを退避させることがある。 1-4

容器

○ロ．高圧ガスが充塡された容器が危険な状態となった事態を発見した者は，直ちに，その旨を都道府県知事等又は警察官，消防吏員若しくは消防団員若しくは海上保安官に届け出なければならない。 30-4

1-4 変　更

×ハ．第一種製造者は，高圧ガスの製造の方法を変更しようとするときは，都道府県知事等の許可を受ける必要~~は~~（が）~~ない~~（ある）が，軽微な変更として変更後遅滞なく，その旨を都道府県知事等に届け出なければならない。 1-2

第一種製造者はその
{製造の方法を変更
種類　　　を変更}
しようとするときは，都道府県知事の許可を

○ハ．第一種製造者は，製造をする高圧ガスの種類を変更しようとするときは，都道府県知事等の許可を受けなければならない。 30-2

受けなければならない。

×ロ．第一種製造者は，その製造の方法を変更しようとするときは，都道府県知事の許可を受ける必要はないが，軽微な変更として変更後遅滞なく，その旨を都道府県知事に届け出なければならない。 28-2

×ハ．第一種製造者は，その製造をする高圧ガスの種類を変更したときは，遅滞なく，その旨を都道府県知事に届け出なければならない。 26-2

1-5 盗まれた時

×ハ．第一種製造者は，所有し，又は占有する容器を盗まれたときは，遅滞なく，その旨を都道府県知事又は警察官に届け出なければならないが，その容器は高圧ガスの質量が充てん時の質量の２分の１以上減少していないものに限られている。 29-4

第一種製造者は容器を盗まれた時遅滞なく都道府県知事，警察に届け出必要（容器は高圧ガス充てん質量とは無関係に届出必要）。

1-6 異　常

×ハ．第一種製造者（冷凍のため高圧ガスの製造をする者を除く。）は，事業所ごとに帳簿を備え，その製造施設に異常があった場合は，その帳簿に所定の事項を記載し，記載の日から５年間保存しなければならないが，高圧ガスを容器により授受した場合については，この帳簿の記載及び保存の定めはない。

25-4

第一種製造者は事業所ごとに帳簿を備え，その製造施設に異常があった場合，その帳簿に所定の事項を記載し，記載の日から 10 年間保存しなければならない。

高圧ガスを容器により授受した場合については２年間保存することとする。

1-7 合　併

○イ．第一種製造者である法人について合併があり，その合併により新たに法人を設立した場合，その法人は

第一種製造者である法人について合併があ

第一種製造者の地位を承継する。 28-3

り，その合併により新たに法人を設立した場合，その法人は第一種製造者の地位を承継する。

1-8 譲　渡

×ロ．第一種製造者（一→二）がその事業の全部を譲り渡したときは，その事業の全部を譲り受けた者はその第一種製造者の地位を承継する。 26-2

第一種製造者の場合の承継について規定されていない。

第一種製造者，その事業の全部を譲渡
↑
規定されていない，相続，合併，分割の承継については規定あり。
（第二種製造者の譲渡は規定されている）

1-9 販　売

○ロ．第一種製造者（冷凍のため高圧ガスの製造をする者を除く。）は，その製造をした高圧ガスをその事業所において販売しようとするときは，その旨を都道府県知事に届け出る必要はない。 29-3

第一種製造者，販売しようとした時，届け出る必要ない。

1-10 製造開始・廃止

×ハ．第一種製造者は，高圧ガスの製造を開始したときは，遅滞なく，その旨を都道府県知事に届け出なければならないが，高圧ガスの製造を廃止したときは（は→も），その旨を届け出る必要はない（→なければならない。）。 27-3

第一種製造者，高圧ガスの｛製造を開始／廃止｝したとき届け出必要！

2 特定高圧ガス消費者

消費

○ハ．特定高圧ガス消費者は，第一種製造者であっても，消費開始の日の20日前までに，特定高圧ガスの消費について，都道府県知事等に届け出なければならない。 1-3

○ハ．特定高圧ガス消費者は，消費をする特定高圧ガスの種類を変更しようとするときは，あらかじめ，都道府県

特殊高圧ガス（モノシラン等）又は貯蔵能力が一定数量以上の設備により，圧縮水素，液化酸素，液化アンモニア，液化石油ガス，液化塩素等の高圧ガスを消費する者。

消費

特定高圧ガス消費者は第一種製造者であってもなかっても消費開始の20日前までに消

知事等に届け出なければならない。 30-3

×ハ．第一種製造者は，特定高圧ガス消費者に該当する場合であっても特定高圧ガスを消費することについて，都道府県知事等に届け出る必要~~はない~~がある。
は，第一種製造者であっても都道府県知事への届出が必要である。 29-3

○ハ．特定高圧ガス消費者は，第一種製造者であっても，消費開始の日の20日前までに，特定高圧ガスの消費について，都道府県知事に届け出なければならない。 28-3

×ロ．特定高圧ガス消費者であり，かつ，第一種製造者でもある者は，高圧ガスの製造について都道府県知事の許可を受けて~~いるので~~いても，特定高圧ガスの消費をすることについて都道府県知事に届け出~~なくてよい~~る必要あり。 27-4

×ロ．特定高圧ガス消費者は，事業所ごとに，消費開始~~後遅滞なく~~の日の20日前までに，特定高圧ガスの消費について所定の書面を添えて都道府県知事に届け出なければならない。 26-4

×ハ．特定高圧ガス消費者は，事業所ごとに，消費開始~~後，遅滞なく~~20日前までに，特定高圧ガスの消費について都道府県知事に届け出なければならない。 25-3

費について届け出なければならない。

3 都道府県知事の許可

○ロ．高圧ガスの製造（冷凍に係るものを除く。）について都道府県知事等の許可を受けなければならない場合の処理することができるガスの容積の最小の値は，製造をする高圧ガスの種類が第一種ガスである場合と第一種ガス以外のガスである場合とでは異なる。 1-2

○ロ．高圧ガスの製造（冷凍のための高圧ガスの製造を除く。）について，都道府県知事等の許可を受けなければならない場合の処理することができるガスの容積の最小

●高圧ガスの製造について都道府県知事の許可を受けなければならない場合の最小の値は
・第一種ガスである場合と第一種ガス以外である場合とでは異る。
・液化石油ガス（第1種以外）と窒素（第1種）では異る。

の値は，液化石油ガスと窒素では異なる。 30-2

○ロ．圧縮，液化その他の方法で処理することができるガスの容積が１日300立方メートル以上である設備を使用して第一種ガスである高圧ガスの製造（冷凍のための高圧ガスの製造を除く。）をしようとする者は，事業所ごとに，都道府県知事の許可を受けなければならない。

29-2

○イ．液化石油ガスの製造（冷凍のための高圧ガスの製造を除く。）をしようとする者が，事業所ごとに都道府県知事の許可を受けなければならない場合の処理することができるガスの容積の最小の値は，１日100立方メートルである。 28-2

×ロ．高圧ガスの製造について，都道府県知事の許可を受けなければならない場合の処理することができるガスの容積の最小の値は，液化石油ガスと水素~~では異なる~~も同じ。（100立方メートル/日）

27-2

○イ．高圧ガスの製造（冷凍に係るものを除く。）について都道府県知事の許可を受けなければならない場合の処理することができるガスの容積の最小の値は，製造をする高圧ガスの種類が第一種ガスである場合と第一種ガス以外のガスである場合とでは異なる。 26-2

○イ．高圧ガスの製造について，都道府県知事の許可を受けなければならない場合の処理することができるガスの容積の最小の値は，液化石油ガスと窒素では異なる。

25-2

- 液化石油ガス（第1種以外）と水素（第1種）では同じ。（以外）
- 1日100立方メートルである（第1種以外の場合）。

● 高圧ガスの製造について都道府県知事の許可を受けなければならない。
- 1日300立方メートル以上の第1種ガスの場合。

4 販売業者，販売の事業

4-1 届け出

×ロ．高圧ガスの販売の事業を営もうとする者は，販売所ごとに，その販売所における事業の開始の日から~~30~~ 20日

- 高圧ガスの販売の事業を営もうとする者は，販売所ごと

以内に，その旨を都道府県知事等に届け出なければならない。 1-3

○ロ．高圧ガスの販売の事業を営もうとする者は，特に定められた場合を除き，販売所ごとに，事業開始の日の20日前までにその旨を都道府県知事等に届け出なければならない。 30-3

○ロ．高圧ガスの販売の事業を営もうとする者は，特に定められた場合を除き，販売所ごとに，事業開始の日の20日前までにその旨を都道府県知事に届け出なければならない。 28-3

×ロ．高圧ガスの販売の事業を営もうとする者は，販売所ごとに，その販売所における事業の開始の日から~~30日以内~~（20日前）に，その旨を都道府県知事に届け出なければならない。 27-3

×イ．高圧ガスの販売の事業を営もうとする者は，販売所ごとに，事業の開始~~後~~（前、20日前までに），遅滞なく，その旨を都道府県知事に届け出なければならない。 25-3

に事業開始の日の20日前までにその旨を都道府県知事に届け出なければならない。

・販売業者が高圧ガス販売のため液化石油ガスを質量1万キログラム（第2種ガス＝1000立方メートル）以上貯蔵するときは，第1種貯蔵所（第1種ガスなら3万kg＝3000立方メートル以上）において貯蔵しなければならない。

4-2 第一種貯蔵所，第二種貯蔵所

○イ．販売業者が高圧ガスの販売のため，質量5000キログラムの液化石油ガスを貯蔵するときは，あらかじめ，都道府県知事等に届け出て設置する第二種貯蔵所において貯蔵することができる。 1-3

×イ．販売業者が高圧ガスの販売のため，質量1万キログラムの液化石油ガスを貯蔵するときは，第~~二~~（一）種貯蔵所においで貯蔵することができる。 30-3

液化石油ガスは第二種ガスであるので，1万キログラム以上は，第一種貯蔵所において貯蔵しなければならない。

○イ．販売業者が高圧ガスの販売のため液化石油ガスを質量1万キログラム以上貯蔵するときは，第一種貯蔵所において貯蔵しなければならない。 29-3

○ハ．販売業者が高圧ガスの販売のため，質量50キログラ

10kg＝1m³

・販売業者が高圧ガス販売のため，質量50キログラム入りの液化石油ガスの充てん容器70個を一つの容器置場に貯蔵するとき，第二種貯蔵所（1万kg未満（1万kg以上・第一種）→3500キログラムだから＝350立方メートル（1000立方メートル未満・第2種ガス））に貯蔵することができる。

ム入りの液化石油ガスの充てん容器70個を一つの容器置場に[貯蔵]するとき，第二種貯蔵所である容器置場においてすることができる。 25-2

○イ．質量5000キログラムの液化石油ガスは，あらかじめ，都道府県知事に届け出て設置する第二種貯蔵所において[貯蔵]することができる。 27-3

○イ．[質量6000キログラム]の液化酸素を貯蔵する場合は，あらかじめ，都道府県知事に届け出て設置する第二種貯蔵所において[貯蔵]することができる。 26-3

[問4] 次のイ，ロ，ハのうち，第一種貯蔵所において貯蔵しなければならない高圧ガスはどれか。

×イ．[貯蔵]しようとするガスの容積が~~2200~~ 3000 立方メートルの窒素 28-4

○ロ．[貯蔵]しようとするガスの容積が1200立方メートルの窒素及び貯蔵しようとするガスの容積が600立方メートルの水素 28-4

×ハ．[貯蔵]しようとするガスの容積が~~900~~ 1000 立方メートルの水素 （水素は第二種ガス） 28-4

5 廃 棄

○ロ．酸素は，一般高圧ガス保安規則で定められている[廃棄]に係る技術上の基準に従うべき高圧ガスである。 1-4

×イ．容器に充填された液化石油ガスを[廃棄]するときは，火気を取り扱う場所の周囲8メートル以内を避けなければならないが，引火性又は発火性の物をたい積した場所については~~，その定めはない~~ も同様に定められている。 30-4

○イ．液化石油ガスの[廃棄]を継続かつ反復して行うときは，液化石油ガスの滞留を検知するための措置を講じて行わなければならない。 29-4

・液化石油ガスの[廃棄]を継続かつ反復して行うときは，液化石油ガスの滞留を検知するための措置を講じて行わなければならない。

・液化アンモニアを[廃棄]するため，充てん容器又は残ガス容器を加熱するときは，熱湿布を使用

○ハ．高圧ガスである第一種ガスを廃棄する場合，廃棄の場所，数量，廃棄の方法についての技術上の基準は，定められていない。 26-4

○イ．液化アンモニアを廃棄するため，充てん容器又は残ガス容器を加熱するときは，熱湿布を使用することができる。 25-4

することができる。

・高圧ガスである第一種ガスを廃棄する場合，廃棄の場所，数量，廃棄の方法についての技術上の基準は，定められていない。

6 高圧ガス保安法の適用

×イ．可燃性ガス又は毒性ガス以外の高圧ガスは，そのガスの種類及び圧力にかかわらず高圧ガス保安法の適用を受けない。 1-2

×イ．内容積が 1 デシリットル以下の容器に充塡されている高圧ガスは，いかなる場合であっても，高圧ガス保安法の適用を受けない。 30-2

×イ．可燃性ガス又は毒性ガス以外の高圧ガスは，そのガスの種類及び圧力にかかわらず高圧ガス保安法の適用を受けない。 29-2

×ハ．内容積が 1 デシリットル以下の容器に充てんされている高圧ガスは，いかなる場合であっても，高圧ガス保安法の適用を受けない。 28-2

×ハ．全ての不活性ガスは，そのガスの種類や圧力にかかわらず高圧ガス保安法の適用を受けない。 27-2

・全ての不活性ガスは，高圧ガスの定義に該当すれば高圧ガス保安法の適用を受ける。

・可燃性ガス又は毒性ガス以外の高圧ガスはそのガスの種類及び圧力にかかわらず高圧ガス保安法の適用を受ける。

・内容積が1デシリットル以下の容器に充てんされている高圧ガスであっても，当該容器により，高圧ガスの販売，貯蔵，消費等をする場合は法の適用を受ける。

7 3000 kg

○イ．車両に固定した容器（液化石油ガスを燃料として使用する車両に固定した容器（その車両の燃料の用のみに供するものに限る。）を除く。）により質量 7000 キログラムの液化石油ガスを移動するときは，丙種化学責任者

過去問題分類と同じ

免状の交付を受けている者であれば，その者が高圧ガス保安協会が行う[移動]に関する講習を受けていなくても，その移動について監視させることができる。

3000 キログラム以上なら

27-4

×ロ．液化石油ガスを[質量 3000 キログラム]貯蔵する第二種貯蔵所の所有者が，その貯蔵する液化石油ガスをその貯蔵する場所において溶接又は熱切断用として[販売]するときは，その旨を都道府県知事に届け出な~~くてよい~~くてはならない。

26-3

○ロ．[質量 3000 キログラム]以上の液化酸素を車両に積載した容器により移動するときは，あらかじめ，そのガスの移動中，その容器に係る事故が発生した場合における荷送人へ確実に連絡するための措置を講じておく必要がある。

25-3

8 運転者２人

×イ．液化石油ガスを車両により移動する場合であって，所定の運転時間を超えて移動するとき，交替して運転させるため，その車両１台につき運転者２人を充てなければならない定めがあるのは，液化石油ガスを車両に固定した容器により[移動]する場合~~のみである~~だけではなく、充てん容器を車両に積載する場合も。

26-4

過去問題分類と同じ

9 導管より陸揚げ

○ハ．船舶から導管により陸揚げして高圧ガスの[輸入]をする場合は，輸入検査を受けなくてよい。

26-3

過去問題分類と同じ

10 数字関係

第一種貯蔵所

・ガスの容積が3000立方メートル（3万kg）の窒素
・1200立方メートルの窒素＋600立方メートルの水素
・1000立方メートルの水素

（1000～3000の間で）
実合計がN以上　第一種貯蔵所（許可）
　　　　　未満　第二種貯蔵所（届出）
実合計 1800≧N＝1000＋2/3×1200
＝1800（計算合計）

第二種貯蔵所

・5000kgの液化石油ガス（届出）
・6000kgの液化酸素（届出）

第一種貯蔵所
第一種ガス　3万kg（3000 m^3）以上
第二種ガス　1万kg（1000 m^3）以上

11 いろいろ

イ．7000kg（3000kg以上）の液化石油ガスを移動するとき，丙種免状者であれば講習を受けていなくても監視OK！ 27-4

イ．交替して運転させるため，運転者2人を充てなければならないのは，液化石油ガスを車両に固定した容器により移動する場合だけでなく充てん容器を車両に積載する場合もである。 26-4

ロ．液化石油ガスを質量3000キログラム貯蔵する第二種貯蔵所の所有者が，その貯蔵する液化石油ガスをその貯蔵する場所において溶接又は熱切断用として販売するときは，その旨を知事に届け出なくてはならない。 26-3

ハ．船舶から導管により陸揚げして高圧ガスを輸入する場合は輸入検査を受けなくてよい。 26-3

ロ．質量3000kg以上の液化酸素を車両に積載した容器により移動するときは，あらかじめ，そのガスの移動中，その容器に係る事故が発生した場合における荷送人へ確実に連絡するための措置を講じておく必要がある。

25-3

1-3 容器及びその附属品（出題：問５，問６）

容器及びその附属品の問題文例

次のイ，ロ，ハの記述のうち，高圧ガスを充塡するための容器（再充塡禁止を除く。）及びその附属品について正しいものはどれか。 1-5

他に，液化塩素（1-6，30-5），圧縮酸素（30-6），液化アンモニア（28-6，29-5），液化石油ガス（29-6）あり

次のイ，ロ，ハの記述のうち，｛液化塩素／圧縮酸素／液化アンモニア／液化石油ガス／高圧ガス｝を充てんするための容器（再充てん禁止容器を除く）及びその附属物について正しいものはどれか。

《高圧ガス》

1 一般継目なし容器

×ロ．一般継目なし容器の容器再検査の期間は，容器の製造後の経過年数に~~応じて~~（関係なく５年と）定められている。 27-6

×イ．一般継目なし容器の容器再検査の期間は，容器の製造後の経過年数に~~応じて~~（関係なく５年と）定められている。 26-6

○ハ．一般継目なし容器の容器再検査の期間は，容器の製造後の経過年数に関係なく一律に定められている。 25-6

・一般継目なしの容器再検査の期間は，容器の製造後の経過年数に関係なく一律に（5年）決められている。

2 溶接容器再検査

○ロ．液化アンモニアを充てんする溶接容器の容器再検査の期間は，容器の製造後の経過年数に関係して定められている。 28-5

・溶接容器の容器再検査の期間は，容器の製造後の経過年数
20年未満５年
20年以上２年

・液化アンモニアを充てんする溶接容器の容器再検査の期間は，容器の製造後の経過年数に関係して定められている。

3 バルブの附属品再検査の期間

○ハ．液化アンモニアを充てんする容器に装置されているバルブの附属品再検査の期間は，そのバルブが装置されている容器の容器再検査の期間に関係して定められている。 28-5

×ハ．容器のバルブの附属品再検査の期間は，そのバルブが容器に装置されているかどうかに関係なく２年と定められている。 27-6

○ロ．液化アンモニアを充てんするための溶接容器に装置されているバルブの附属品再検査の期間は，そのバルブが装置されている容器の容器再検査の期間に応じて定められている。 26-6

×イ．容器に装置されているバルブの附属品再検査の期間は，そのバルブが装置されている容器の容器再検査の期間に関係なく定められている。 25-6

・容器に装置されているバルブの附属品再検査の期間は，そのバルブが装置されている容器の容器再検査の期間に関係して定められている。

・容器のバルブの附属品再検査の期間は，そのバルブが容器に装置されているかいないかに分けて定められている。（容器に装置されていないもの２年）

・容器に装置されていない附属品の附属品再検査の期間は，２年である。

4 内容積

×ロ．容器検査に合格した容器に刻印等又は自主検査刻印等をすべき事項の一つに，その容器の内容積があるが，その刻印等又は自主検査刻印等をすべき容器は液化ガスを充てんする容器のみである。 27-5

×イ．容器検査に合格した容器に刻印等又は自主検査刻印等をすべき事項の一つに，その容器の内容積があるが，それをすべき容器は液化ガスを充てんする容器のみである。 25-5

○イ．容器に充てんする液化ガスは，所定の方法により刻印等又は自主検査刻印等で示された容器の内容積に応じて計算した質量以下のものでなければならない。 26-5

・容器検査に合格した容器に刻印等又は自主検査刻印等をすべき事項の一つにその容器の内容積があるが，容器には圧縮ガス，液化ガスの区別なくその内容積を刻印しなければならない。

・容器に充てんする液化ガスは，所定の方法により刻印等または自主検査刻印等で示された容器の内容積に応じて計算した質量以下のものでなければならない。

cf. 容器に充てんする圧縮ガスは，その容器に刻印等または自主検査刻印等において示された圧力以下のものでなければならない。

5 刻 印

○イ．容器（高圧ガスを充塡していないもの）を輸入した者は，その容器に自主検査刻印等がされているもの又はその容器が所定の容器検査を受け，これに合格し所定の刻印等がされているものでなければ，その容器を譲渡してはならない。 1-5

×ロ．容器に所定の刻印等がされていることは，その容器に高圧ガスを充塡する場合の条件の一つであるが，その容器に所定の表示をしてあること~~は~~も，その条件にはされてい~~ない~~る。 1-5

○イ．容器検査に合格した容器に刻印をすべき事項の一つに，圧縮酸素を充てんする容器にあっては，最高充てん圧力（記号　FP，単位　メガパスカル）及びMがある。 28-5

○イ．容器に充てんする圧縮ガスは，その容器に刻印等又は自主検査刻印等において示された圧力以下のものでなければならない。 27-5

○ロ．圧縮ガスを充てんする容器の刻印のうち，「FP 14.7 M」は，その容器の最高充てん圧力が 14.7 メガパスカルであることを表している。 26-5

○ハ．附属品検査に合格したバルブに刻印をすべき事項の一つに，そのバルブが装置されるべき容器の種類がある。

・容器に装置されるバルブであって附属品検査に合格したものに刻印すべき事項の一つに，耐圧試験における圧力（記号　TP，単位　メガパスカル）及びMがある。

・附属品検査に合格したバルブに刻印をすべき事項の一つに，そのバルブが装置されるべき容器の種類がある。

・圧縮ガスを充てんする容器の刻印のうち，「FP14.7M」は，その容器の最高充てん圧力が 14.7 メガパスカルであることを表している。

25-5

6 明示等

×ハ．液化ガスを充てんする容器の外面には，その容器に充てんすることができる液化ガスの最高充てん質量の数値を明示 ~~しなければならない~~（については定められていない。）。 27-5

×ロ．液化ガスを充てんする容器の外面には，その容器に充てんすることができる液化ガスの最高充てん質量の数値を明示 ~~しなければならない~~（については定められていない。）。 25-5

・液化ガスを充てんする容器の外面には，その容器に充てんすることができる液化ガスの最高充てん質量（圧力は定められている）の数値の明示については定められていない。

・容器の外面に所有者の氏名等の所定の事項を明示した容器の所有者は，その事項に変更があったときは，遅滞なく表示を変更しなければならない。

7 表　示

○ハ．容器検査に合格した容器にその容器の所有者の氏名等の表示をしなければならない場合，その表示をすべき者はその容器の所有者である。 26-5

・容器検査に合格した容器にその容器の所有者の氏名等の表示をしなければならない場合，その表示をすべき者はその容器の所有者である。

8 廃　棄

×ハ．容器の附属品を廃棄するときは，その附属品をくず化し，その他附属品として使用することができないように処分する必要 ~~はない~~（がある。）。 1-5

○ハ．容器の廃棄する者は，くず化し，その他容器として使用することができないように処分しなければならない。 26-6

・容器の廃棄をする者は，その容器をくず化し，その他容器として使用することができないように処分しなければならない。容器の附属品の廃棄についても定められてる。

9 損 傷

○ロ．容器検査又は容器再検査を受けた後，容器が損傷を受けたときは，容器再検査を受け，これに合格し，かつ，所定の刻印又は標章の掲示がされているものでなければ，その容器に高圧ガスを充てんしてはならない。

25-6

・容器検査又は容器再検査を受けた後，容器が損傷を受けたときは，再検査を受け，これに合格し，かつ，所定の刻印又は標章の掲示がされているものでなければ，その容器に高圧ガスを充てんしてはならない。

10 譲渡し又は引き渡し

○イ．容器の製造又は輸入をした者は，特に定められた容器を除き，所定の容器検査を受け，これに合格したものとして所定の刻印又は標章の掲示がされているものでなければ，容器を譲渡し，又は引き渡してはならない。

27-6

・容器の製造又は輸入をした者は，特に定められた容器を除き，所定の検査を受け，これに合格したものとして所定の刻印等がされているものでなければ，容器を譲渡し，又は引き渡してはならない。

《液化塩素》

問6 次のイ，ロ，ハの記述のうち，圧縮酸素を充填するための容器（再充填禁止容器を除く。）及びその附属品について正しいものはどれか。

過去問題分類と同じ

1 明示等

×イ．容器検査に合格した容器の外面には，充填することができる高圧ガスの名称又は充填することができる高圧ガスの性質を示す文字のいずれ~~かを~~（も）明示しなければならない。

1-6

×ロ．容器検査に合格した容器には，充填すべき高圧ガスの

名称が刻印で示されているので，そのガスの名称は明示
が定められている。
~~しなくてよい~~。 30-5

2 G，TP，質量，圧力

○イ．容器に充塡することができる液化塩素の質量は，次の式で表される。

$$G = \frac{V}{C}$$

G：液化塩素の質量（単位：キログラム）の数値
V：容器の内容積（単位：リットル）の数値
C：容器保安規則で定める定数

30-5

○ロ．附属品検査に合格したバルブに刻印をすべき事項のうちには，「耐圧試験における圧力（記号：TP，単位：メガパスカル）及びM」がある。 1-6

3 容器再検査

×ハ．一般継目なし容器の 容器再検査 の期間は，その容器の製造後の経過年数に~~応じて~~関係なく5年と定められている。 1-6

○ハ．容器再検査 に合格しなかった容器については，特に定められた場合を除き，遅滞なく，これをくず化し，その他容器として使用することができないように処分しなければならない。 30-5

《圧縮酸素》

問6 次のイ，ロ，ハの記述のうち，圧縮酸素を充塡するための容器（再充塡禁止容器を除く。）及びその附属品について正しいものはどれか。

過去問題分類と同じ

1 刻　印

○イ．容器検査に合格したこの容器に刻印等を行う事項の一つに，充塡すべき高圧ガスの種類（高圧ガスの名称，略称又は分子式）がある。 30-6

○ロ．この容器に装置する附属品検査に合格したバルブに刻印すべき事項の一つに，装置されるべき容器の種類（記号：PG）がある。 30-6

2 バルブの附属品再検査の期間

×ハ．この容器に装置されているバルブの附属品再検査の期間は，そのバルブが装置されている容器の容器再検査の期間に~~関係なく定められている~~応じて再検査機関が定められている。 30-6

《液化アンモニア》

問５　次のイ，ロ，ハの記述のうち，液化アンモニアを充てんするための容器（再充てん禁止容器を除く。）及びその附属品について正しいものはどれか。

過去問題分類と同じ

1 譲渡，引き渡し

○イ．容器の製造又は輸入をした者は，特に定められた容器を除き，所定の容器検査を受け，これに合格したものとして所定の刻印等がされているものでなければ，容器を譲渡し，又は引き渡してはならない。 29-5

2 溶接容器再検査

×ロ．溶接容器の容器再検査の期間は，容器の製造後の経

過年数に~~関係なく定められている~~。 29-5
20年未満→5年
20年以上→2年

3 附属品再検査

○ハ．容器に装置されていない附属品の附属品再検査の期間は，2年である。 29-5

4 刻 印

○イ．容器に装置されるバルブであって附属品検査に合格したものに刻印すべき事項の一つに，耐圧試験における圧力（記号：TP，単位：メガパスカル）及びMがある。 28-6

5 廃 棄

×ロ．容器の廃棄をする者は，その容器をくず化し，その他容器として使用することができないように処分しなければならないが，容器の附属品の廃棄については，その定め~~はない~~ている。 28-6

6 内容積

○ハ．容器に充てんする液化アンモニアは，所定の方法により刻印等又は自主検査刻印等で示された容器の内容積に応じて計算した質量以下のものでなければならない。 28-6

《液化石油ガス》

過去問題分類と同じ

問6 次のイ，ロ，ハの記述のうち，液化石油ガスを充てんするための容器(再充てん禁止容器を除く。)について正しいものはどれか。

1 充てん条件

○イ．容器検査を受け，これに合格し所定の刻印等がされた容器に高圧ガスを充てんすることができる条件の一つに，その容器が所定の期間を経過していないことがある。

29-6

2 再検査表示

×ロ．容器には，容器検査を受け，これに合格した場合においては所定の刻印等がされるが，容器が容器再検査に合格した場合においては，その定めはない。
も刻印又は標章の表示が必要。

29-6

3 表示変更

×ハ．容器の外面に所有者の氏名等の所定の事項を明示した容器の所有者は，その事項に変更があったときは，次回の容器再検査時にその事項を明示することと定められている。
遅滞なく表示を変更しなければならない。

29-6

1-4 液化石油ガスの特定高圧ガス消費者 （出題：問７）

問７ 次のイ，ロ，ハの記述のうち，液化石油ガスの特定高圧ガス消費者について液化石油ガス保安規則上正しいものはどれか。ただし，この消費施設の貯槽は貯蔵能力 15 トンのもの１基とする。

1 距 離

×イ．消費施設は，第一種保安物件に対して所定の強度を有する構造の障壁を設ければ，その減圧設備の外面から第一種保安物件に対して有すべき 第一種設備距離 は減じられる。 1-7

○イ．消費施設は，その減圧設備の外面から第一種保安物件に対し 第一種設備距離 以上，第二種保安物件に対し 第二種設備距離 以上の距離を有しなければならない。 30-7

×イ．貯蔵設備の外面から第一種保安物件及び第二種保安物件に対し，それぞれ 所定の距離以上の距離 を有しなければならないが，減圧設備については，その定めはない。 29-7

×イ．その減圧設備の外面から第一種保安物件に対し 第一種設備距離 以上，第二種保安物件に対し 第二種設備距離 以上の距離を有しなければならないが，その設備距離は貯蔵能力にかかわらず常に一定である。 27-7

×イ．減圧設備の外面から，第一種保安物件に対して有すべき 第一種設備距離 は，その減圧設備の処理能力の値から算出される。 25-7

×イ．減圧設備の外面から，第一種保安物件に対して有すべき 第一種設備距離 が確保できない場合の措置として，その減圧設備を地盤面下に埋設する措置が定められてい

減圧設備の外面から

減圧設備 の外面から第１種保安物件に対し第１種設備距離以上（第２種保安物件に対し第２種設備距離以上）の距離を有しなければならないが，その設備距離は貯蔵能力の値から算出される。確保できない場合の代替措置は規定されていない。

る。 26-7

2 周囲5メートル以内

×ロ．貯蔵設備等の周囲5メートル以内においては，引火性又は発火性の物を置いてはならないが，適切な防消火設備を適切な箇所に設けた場合は，貯蔵設備等の周囲5メートル以内に引火性又は発火性の物を置くことができる。 1-7

×ロ．消費設備のうち，その周囲5メートル以内において火気（その設備内のものを除く。）の使用を禁じられているのは貯蔵設備のみである。 30-7

○ロ．この貯槽の周囲5メートル以内においては，所定の措置を講じた場合を除き，引火性又は発火性の物を置いてはならない。 29-7

○ロ．この貯槽の周囲5メートル以内においては，所定の措置を講じた場合を除き，引火性又は発火性の物を置いてはならない。 25-7

×ロ．貯蔵設備に生じる静電気を除去する措置を講じた場合は，その貯蔵設備の周囲5メートル以内に，引火性又は発火性の物を置くことができる。 28-7

○ハ．定められた措置を講じた場合を除き，貯蔵設備等の周囲5メートル以内においては，火気（その設備内のものを除く。）の使用を禁じ，かつ，引火性又は発火性の物を置いてはならない。 27-7

この貯槽の周囲5メートル以内においては，所定の措置を講じた場合を除き，引火性又は発火性の物を置いてはならない。

貯蔵設備に生じる静電気を除去する措置を講じた場合でもダメです。

3 取扱主任者

○ハ．甲種化学責任者免状の交付を受けているが液化石油ガスの消費に関する1年以上の経験を有していない者を，

取扱主任者選任の条件

・液化石油ガスの製

この消費施設の特定高圧ガス取扱主任者として選任することができる。 1-7

○ハ．液化石油ガスの消費（特定高圧ガスの消費者としての消費に限る。）に関し1年以上の経験を有する者を取扱主任者に選任することができる。 30-7

○ハ．取扱主任者には，所定の製造保安責任者免状の交付を受けている者のほか，液化石油ガスの製造又は消費（特定高圧ガスの消費者としての消費に限る。）に関し1年以上の経験を有する者も選任することができる。 29-7

○ハ．所定の製造保安責任者免状の交付を受けていないが液化石油ガスの製造に関し1年以上の経験を有する者を，この事業所の取扱主任者として選任することができる。 28-7

○ハ．丙種化学責任者免状の交付を受けている者を，この事業所の取扱主任者に選任することができる。 26-7

○ハ．液化石油ガスの製造に関し1年以上の経験を有する者であれば，所定の製造保安責任者免状の交付を受けていない者を取扱主任者に選任することができる。 25-7

造又は消費に関し1年以上の経験を有する者。

又は

・所定の製造保安責任者（例えば丙種化学）免状の交付を受けている者。

4 同一の基礎に緊結

○イ．消費施設の立地する地盤が堅固であっても，貯槽の支柱（支柱のない貯槽にあってはその底部）は，同一の基礎に緊結しなければならない。 28-7

×ロ．消費設備において，貯槽の基礎は不同沈下等によりその消費設備に有害なひずみが生じないようにしなければならないが，蒸発器については~~その定めはない~~。
も同様である。 27-7

×ロ．貯槽の基礎は，その立地する地盤が堅固で~~あれば~~（あっても），その支柱を同一の基礎に緊結~~する必要はない~~（しなければならない。）。 26-7

・消費施設の立地する地盤が堅固であっても，貯槽の支柱（支柱のない貯槽にあってはその底部）は，同一の基礎に緊結（すべてのガスの種類の貯蔵能力1トン以上であれば）しなければならない。

・すべてのガスの種類の配管等を除く消費設備の基礎は，不同沈下等により当該消費設備に有害なひずみが生じないようなものでなければならない。蒸発器についてこの規定の適用を除外する旨の規定はない。

1-5 コンビ則適用―技術上の基準について―（出題：問8，問9）

問8及び問9の問題は，次の例による事業所に関するものである。

・コンビナート地域内（コンビ則適用）特定製造事業所

［例］ 専らナフサを分解して、エチレン、プロピレン、ブタジエン等を製造し、これらの高圧ガスを導管により他のコンビナート製造事業所に送り出すために、次に掲げる高圧ガスの製造施設（特殊反応設備を有する定置式製造設備であるもの）を有する事業所であって、コンビナート地域内にあるもの

この事業所は認定完成検査実施者及び認定保安検査実施者である。

事業所全体の処理能力		：100,000,000 立方メートル毎日
（うち可燃性ガス		：99,500,000 立方メートル毎日）
貯槽の貯蔵能力	液化エチレン	：3,000 トン　3基
	液化プロピレン	：3,000 トン　3基
	液化ブタジエン	：2,000 トン　2基
導　管		：エチレン、プロピレン及びブタジエンをそれぞれ送り出すもの

問8 次のイ，ロ，ハの記述のうち，この事業所に適用される技術上の基準について正しいものはどれか。

問9 次のイ，ロ，ハの記述のうち，この事業所に適用される技術上の基準について正しいものはどれか。

・第一種製造者（処理能力100立方メートル以上）
・定置式製造設備（貯槽を設置しているから）
・認定完成検査実施者，認定保安検査実施者

（自らこれらの検査を行い，その検査の記録を都道府県知事に届け出た場合は，都道府県知事の検査を受けることを要しない事業所）

この事業所に適用される技術上の基準について正しいものはどれか。

1 特殊反応設備

◯ハ．特殊反応設備には，特に定めるものを除き，その設備のガスの種類，量，性状，温度，圧力等に応じ，異常な事態が発生した場合にその設備内の内容物をその設備外に緊急かつ安全に移送し，及び処理することができる措置を講じなければならない。 1-9

×ロ．特殊反応設備に設けた内部反応監視装置は，特殊反応設備の温度，圧力及び流量等の異常な事態の発生を最も早期に検知することができるものは，計測結果を自動的に記録することを~~要しない~~要する。 29-8

◯ハ．特殊反応設備には，緊急時に安全に，かつ，速やかに遮断するための措置を講じなければならないが，その措置は計器室において操作することができるもの又は自動的に遮断するものでなければならない。 28-9

◯イ．特殊反応設備には，緊急移送を行うことが保安上好ましくないものを除き，その設備のガスの種類，量，性状，温度，圧力等に応じ，異常な事態が発生した場合にその設備内の内容物をその設備外に緊急かつ安全に移送し，及び処理することができる措置を講じなければならないと定められている。 26-8

×ロ．特殊反応設備には，内部反応監視装置を設けなければならないが，その装置は，設備内の温度，圧力及び流量等が正常な反応条件を逸脱し，又は逸脱するおそれが

・内部反応監視装置　自動警報を発する　自動記録を要する
・緊急時に遮断する措置　計器室操作又は自動遮断
・緊急移送設備　異常な事態が発生した場合にその設備内の内容物をその設備外に緊急かつ安全に移送及び処理できる措置を講じる

あるときに自動的に警報を発しないものでよい。するものである。 25-9

2 距　離

×イ．保安用不活性ガスの高圧ガス製造施設を新たに設置する場合，その貯蔵設備又は処理設備の外面から保安物件に対して有すべき 距離 は，50メートル以上と定められていない。る。 1-9

○イ．製造施設の貯蔵設備及び処理設備の外面から，この事業所の敷地外にある保安のための宿直施設に対し，所定の距離以上の 距離 を有しなければならない。28-8 イと同じ 30-8

×ハ．貯蔵能力1000トンの液化プロピレンの貯槽を増設するときに，この貯槽に防火上及び消火上有効な措置を講じた場合は，であっても，この貯槽の外面から隣接する既存の液化ブタジエンの貯槽に対して所定の 距離 を有する必要はない。は貯槽の最大直径に関係して定められており、これを短縮することは認められない。

30-9

×ハ．この事業者は，隣接するコンビナート製造事業所の境界線から所定の 距離 以内に火気を大量に使用する設備を設置したときは，特に定められている場合を除き，遅滞なく，その設備の種類及び位置を記載した書面を作成し，これを隣接するコンビナート製造事業所に送付しなければならないが，その設備を撤去したときは，その必要はない。もその書面の作成と送付が必要。 29-9

○イ．製造施設の貯蔵設備及び処理設備の外面から，この事業所の敷地外にある保安のための 宿直施設 に対し，所定の距離以上の 距離 を有しなければならない。 28-8

×イ．保安用不活性ガスの高圧ガス製造施設を新たに設置する場合，その処理設備又は貯蔵設備の外面から保安物件に対して有すべき 距離 は，定められていない。いる場合がある。

26-9

- 窒素の製造施設を増設する場合，その外面から保安物件に対し50メートル以上の距離を有しなければならない。
- 保安用不活性ガスの高圧ガス製造施設を新たに設置する場合，その処理設備又は貯蔵設備の外面から保安物件に対して有すべき距離は定められている場合がある。
- 製造施設の貯蔵設備及び処理設備の外面から，この事業所の敷地外にある保安のための宿直施設に対し，所定の距離以上の距離を有しなければならない。

3 1メートル又は4分の1

○イ．貯蔵能力が1000トンである液化ブタジエンの貯槽2基を増設する場合，それらの貯槽の外面の相互間において確保すべき距離は，1メートル又はこれらの貯槽の最大直径の和の4分の1のいずれか大なるものに等しい距離以上の距離である。 28-9

×ロ．地盤面上に設置している2基の液化ブタジエンの貯槽の相互間に有すべき距離は，同じ種類の高圧ガスであるので液化ブタジエンの貯槽の最大直径~~に関係なく1メートルである~~。 27-9

の和の1/4又は1メートルのいずれか大きい距離以上。

○ロ．貯蔵能力3000トンの液化プロピレンの貯槽を増設する場合，その外面から隣接する他の可燃性ガスの貯槽に対して，1メートル又はこれらの貯槽の最大直径の和の4分の1のいずれか大なるものに等しい距離以上の距離を有しなければならない。 26-9

○イ．貯蔵能力2000トンの液化ブタジエンの貯槽は，その外面から貯蔵能力3000トンの液化エチレンの貯槽に対し，1メートル又はこれらの貯槽の最大直径の和の4分の1のいずれか大なるものに等しい距離以上の距離を有しなければならない。 25-8

それらの貯槽の外面の相互間において確保すべき距離は1メートル又はこれらの貯槽の最大直径の和の4分の1のいずれか大なるものに等しい距離以上の距離。

4 30メートル

○ロ．保安区画内の高圧ガス設備（特に定めるものを除く。）は，その外面から，その保安区画に隣接する保安区画内の高圧ガス設備（特に定めるものを除く。）に対し，30メートル以上の距離を有しなければならない。 1-9

○ロ．保安区画内の高圧ガス設備（特に定めるものを除く。）の外面から，隣接する保安区画内の高圧ガス設備（特に定めるものを除く。）に対して有すべき距離は，保安区

隣接する保安区画内の高圧ガス設備に対して有すべき距離は燃焼熱量の数値には関係なく，一律に30メートル以上と定められている。

画内の高圧ガス設備の燃焼熱量の数値には関係なく，一律に 30 メートル 以上と定められている。 27-8

×ロ．エチレンの製造施設のある保安区画内に，新たに高圧ガス設備である反応器を設置しようとする場合に，隣接する保安区画内にある高圧ガス設備（特に定めるものに限る。）に対して有すべき距離は，~~その反応器の燃焼熱量の数値に応じて算定しなければならない~~ 一律30メートル以上の距離を有することとされている。 25-8

5 50 メートル

○イ．この事業所に窒素の製造施設を増設する場合，この窒素の貯蔵設備及び処理設備は，特に定められたものを除き，その外面から保安物件に対し 50 メートル 以上の距離を有しなければならない。 29-8

この事業所に窒素の製造施設を増設する場合，この窒素の貯蔵設備及び処理設備は特に定められたものを除き，その外面から保安物件に対し 50 メートル以上の距離を有しなければならない。

6 インターロック機構

○イ．エチレンの製造設備又はその製造設備に係る計装回路の保安上重要な箇所には，その製造設備の態様に応じて，所定の インターロック機構 を設けなければならない。 1-8

○ロ．可燃性ガスの製造設備に係る計装回路の保安上重要な箇所には，その製造設備の態様に応じて，所定の インターロック機構 を設けなければならない。 30-8

○イ．これらの製造設備又は製造設備に係る計装回路には，製造をする高圧ガスの種類，温度及び圧力並びにその製造設備の態様に応じて，保安上重要な箇所に所定の インターロック機構 を設けなければならない。 27-9

○ハ．可燃性ガスの製造設備に係る計装回路の保安上重要な

製造設備に係る計装回路の保安上重要な箇所には，その製造設備の態様に応じて，所定のインターロック機構を設けなければならない。

箇所には，その製造設備の態様に応じて，所定の インターロック機構 を設けなければならない。 26-9

7 計器室には外部からのガスの侵入を防ぐための措置

○ハ．エチレンの製造施設に係る計器室，プロピレンの製造施設に係る計器室及びブタジエンの製造施設に係る計器室のいずれにおいても，特に定める場合を除き，外部からのガスの侵入を防ぐために必要な措置 を講じなければならない。 30-8

○ハ．この事業所のエチレンの製造施設に係る計器室，プロピレンの製造施設に係る計器室及びブタジエンの製造施設に係る計器室のいずれにおいても，特に定められた場合を除き，外部からのガスの侵入を防ぐための措置 を講じなければならない。 28-8

×イ．エチレンの製造施設に係る計器室をその製造施設において発生するおそれのある危険の程度及びその製造設備からの距離に応じ安全な構造とすれば，その計器室には 外部からのガスの侵入を防ぐための措置 を講じる必要~~はない~~（がある）。 27-8

いずれの計器室においても外部からのガスの侵入を防ぐための措置を講じなければならない。

8 水

○イ．製造施設に設けた防消火設備の作動のために必要な数量の 水 を常時保有しなければならない。 30-9

○ロ．この事業所には，製造施設に設けた防消火設備の作動のために必要な数量の 水 を常時保有しなければならない。 29-9

○ハ．この事業所には，製造施設に設けた防消火設備の作動のために必要な数量の 水 を常時保有しなければならない。 27-9

この事業所には，製造施設に設けた防消火設備の作動のために必要な数量の水を常時保有しなければならない。

9 計器室

×ロ．エチレンの製造設備に設ける計器室は，その扉及び窓を耐火性のものとすれば，その設置位置については制限を受けない。 1-8

○イ．エチレンの製造設備に係る計器室の構造は，その製造設備において発生するおそれのある危険の程度及びその製造設備からの距離に応じ安全なものとし，その扉及び窓は，耐火性のものとしなければならない。 25-9

・エチレンの製造設備に係る計器室の構造は，その製造設備において発生するおそれのある危険の程度及びその製造設備からの距離に応じ安全なものとし，その扉及び窓は耐火性のものとしなければならない。

10 輸送を開始又は停止

○ハ．導管により他のコンビナート製造事業所にエチレンの輸送を開始し，又は停止しようとするときには，その旨をその事業所に連絡しなければならない。 27-8

○ハ．エチレンを送り出す導管系に，圧力又は流量の異常な変動等の異常な事態が発生したときにその旨を警報する装置が設けられている場合であっても，その輸送を停止しようとするときにはその旨を関連事業所に連絡しなければならない。 25-8

エチレンの輸送を開始し，又は停止しようとするときには，その旨を関連事業所に連絡しなければならない。

11 標識

○ハ．コンビナート製造事業所間の地盤面下に埋設した導管には，その見やすい箇所に高圧ガスの種類，導管に異常を認めたときの連絡先その他必要な事項を明瞭に記載した標識を設けなければならない。 29-8

×ハ．これらの導管のうち，その見やすい箇所に高圧ガスの種類，導管に異常を認めたときの連絡先その他必要な事項を明瞭に記載した標識を設けるべき定めがあるのは，

その見やすい箇所に高圧ガスの種類，導管に異常を認めたときの連絡先その他必要な事項を明瞭に記載した標識を設けるべき定めがあるのは，地盤下に埋設されている導管のみではなく地盤面上に設置する場合も，所定の

地盤面下に埋設されている導管のみで~~ある~~。はなく地盤面上に設置する場合も所定の標識を設けなければならない。 26-8

標識を設けなければならない。

12 危険な状態

×ロ．全ての製造設備が危険な状態になった場合において製造設備内のガスのパージ，シールその他の災害の発生を防止するための応急の措置を講じるために保有しなければならないものと定められているのは，必要な数量及び圧力の窒素~~のみである~~。の他窒素以外の不活性ガス及びスチームについても応急の措置を講ずるために必要な数量及び圧力のものの保有規定がある。 26-8

×ハ．この事業所が必要とする保安用不活性ガス等の数量は，事業所内で~~最も大きな貯蔵能力を持つ貯槽~~全ての製造設備が危険な状態になった場合において、が危険な状態になった場合に，その貯槽内のガスのパージ，シールその他の災害の発生防止のための応急の措置を講じるために必要な不活性ガス又はスチームの数量である。 25-9

すべての製造設備が危険な状態になった場合，保有しなければならないと定められているのは窒素の他不活性ガス及びスチームについても必要な数量及び圧力が定められている。

13 警報器

○ハ．訓練のため 警報器 を鳴らそうとするときは，この事業所から高圧ガスの供給を受けているコンビナート製造事業所及びこの事業所に隣接するコンビナート製造事業所にその旨を連絡しなければならない。 1-8

訓練のため警報器を鳴らそうとするときは，この事業所から高圧ガスの供給を受けているコンビナート製造事業所及びこの事業所に隣接するコンビナート製造事業所にその旨を連絡しなければならない。

14 緊急遮断装置

×ロ．エチレンの導管には，市街地を横断するものに限り，所定の緊急遮断装置又はこれと同等以上の効果のある装置を設けなければならない。 30-9

市街地のみならず，主要河川，湖沼等を横断する導管についても設問の措置を講じなければならない。

エチレンの導管には，市街地のみならず，主要河川，湖沼等を横断する導管には，所定の緊急遮断装置又はこれと同等以上の効果のある装置を設けなければならない。

15 保安区画

○イ．この事業所の敷地のうち通路，空地等により区画されている区域であって高圧ガス設備が設置されているものは，特に認められた場合を除き，所定の面積以下の保安区画に区分しなければならない。 29-9

×ロ．高圧ガス設備の外面から事業所の境界線まで所定の距離を有~~する場合~~していても，事業所の敷地のうち通路等により区画されている区域であってその高圧ガス設備を設置している区域を，所定の保安区画に区分~~する必要はない~~しなければならない。 28-9

- この事業所の敷地のうち通路，空地により区画されている区域であって，高圧ガス設備が設置されているものは，特に定められた場合を除き，所定の面積以下の保安区画に区分しなければならない。
- 高圧ガス設備の外面から事業所の境界線まで所定の距離を有していても，事業所の敷地のうち通路等により区画されている区画であってその高圧ガス設備を設置している区域を所定の保安区画に区分しなければならない。

16 フランジ結合

○ロ．これらの導管の接合は，溶接により接合するすることが適当でない場合は，保安上必要な強度を有するフランジ接合とすることができる。 28-8

- これらの導管の接合は，溶接により接合することが適当でない場合は，保安上必要な強度を有するフランジ接合とすることができる。

1-6 一般則適用―事業者について―（出題：問10～問12）

問10～問20

問10から問20までの問題は，次の例による事業所に関するものである。

・コンビナート地域外（一般則適用）
・第一種製造業者（処理能力100立方メー

［例］ 次に掲げる高圧ガスの製造施設を有する事業所であって、コンビナート地域外にあるもの

この事業者は認定完成検査実施者及び認定保安検査実施者ではない。

①液化アンモニアを貯槽に貯蔵し、専らポンプにより容器に充塡する定置式製造設備

②アセチレンを発生させて、専ら圧縮機により容器に充塡する定置式製造設備

③液化酸素を貯槽に貯蔵し、専らポンプにより加圧し蒸発器で気化したガスを容器に充塡する定置式製造設備

④液化窒素を貯槽に貯蔵し、専らポンプにより加圧し蒸発器で気化したガスを容器に充塡する定置式製造設備

事業所全体の処理能力		：350,000立方メートル毎日
（内訳）	アンモニア	：140,000立方メートル毎日
	アセチレン	：10,000立方メートル毎日
	酸素	：100,000立方メートル毎日
	窒素	：100,000立方メートル毎日
貯槽の貯蔵能力	液化アンモニア	：30トン　1基
	液化酸素	：20トン　1基
	液化窒素	：20トン　1基
容器置場（貯蔵設備でないもの）		：面積1,000平方メートル（液化アンモニア、圧縮アセチレン、圧縮酸素、圧縮窒素に係るもの）

問 10 次のイ，ロ，ハの記述のうち，この事業者について正しいものはどれか。

問 11 次のイ，ロ，ハの記述のうち，この事業者について正しいものはどれか。

問 12 次のイ，ロ，ハの記述のうち，この事業者について正しいものはどれか。

問 13 次のイ，ロ，ハの記述のうち，この事業所に適用される技術上の基準について正しいものはどれか。

～

問 20 次のイ，ロ，ハの記述のうち，この事業者所に適用される技術上の基準について正しいものはどれか。

トル以上）
- 定置式製造設備（貯槽を設置しているから）

1 危害予防規程

○ハ．危害予防規程に記載しなければならない事項の一つに，製造施設が危険な状態となったときの措置及びその訓練方法に関することがある。 1-10

○イ．危害予防規程を定め，これを都道府県知事等に届け出なければならない。 30-11

○イ．この事業者は，危害予防規程を定め，これを都道府県知事に届け出なければならない。また，この事業者及びその従業者は，この危害予防規程を遵守しなければならない。 29-10

×ロ．危害予防規程を定め，これを都道府県知事に届け出なければならないが，これを変更したときは届け出なければならない。~~くてよい~~。 28-10

○ロ．危害予防規程に定めるべき事項の一つに，「製造施設の新増設に係る工事及び修理作業の管理に関すること。」がある。 27-10

○ロ．危害予防規程に定めるべき事項の一つに，「製造施設が危険な状態となったときの措置及びその訓練方法に関すること。」がある。 26-10

○ロ．危害予防規程を定め，都道府県知事等に届け出なければならないが，これを変更したときも同様に届け出なければならない。 25-18

危害予防規程を定め，都道府県知事に届け出なければならないが，これを変更したときも同様に届けなければならない。危害予防規程の定めるべき事項に，
「製造施設の新増設に係る工事及び修理作業の管理に関すること」
「製造施設が危険な状態となった時の措置及びその訓練方法」
がある。

2 保安教育計画

○ハ．この事業者は，その従業者に対する保安教育計画を定めるとともに，その保安教育計画を忠実に実行しなければならない。 1-11

○ロ．従業者に対する保安教育計画を定め，これを忠実に実行しなければならないが，その保安教育計画を都道府

従業者に対する保安教育計画を定め，これを忠実に実行しなければならないがその保安教育計画を都道府県知事に届け出る定めはない。

県知事等に届け出るべき定めはない。 30-11

○ロ．この事業者は，従業者に対する 保安教育計画 を定め，これを忠実に実行しなければならないが，その保安教育計画を都道府県知事に届け出るべき定めはない。

29-10

×ハ．従業者に対する 保安教育計画 を定め，これを都道府県知事に届け出~~なければならない~~る旨の規定はない。 28-10

○ハ．従業者に対する 保安教育計画 を定め，これを忠実に実行しなければならないが，その保安教育計画を都道府県知事に届け出るべき定めはない。 27-10

○ハ．従業者に対する 保安教育計画 を定め，これを忠実に実行しなければならないが，この保安教育計画を都道府県知事に届け出る必要はない。 26-10

○ハ．従業者に対する 保安教育計画 を定め，これを忠実に実行しなければならないが，この保安教育計画を都道府県知事に届け出る必要はない。 25-18

3 特定変更工事

×イ．製造施設の 特定変更工事 について，指定完成検査機関が行う完成検査を受け，技術上の基準に適合していると認められた場合は，都道府県知事等にその旨を届け出~~ることなく~~た後，その製造施設を使用することができる。

1-10

「指定完成検査機関が行う完成検査又は都道府県知事が行う完成検査」を受けることで，その製造施設を利用することができる。

×ハ．製造施設の位置，構造又は設備の変更について都道府県知事等の許可を受けた工事のうち 特定変更工事 に該当するものは， 完成検査 を受けることなくその製造施設を使用することができ~~る~~ない。 30-12

変更工事も完成検査を受けなければならない。
↓
特定変更工事に該当するものは完成検査を受けなければならない。

○イ．製造施設に係る 特定変更工事 が完成し，その工事に係る施設について都道府県知事が行う 完成検査 を受けた場合，これが所定の技術上の基準に適合していると認

められた後に，その施設を使用することができる。 29-11

○イ．製造施設の特定変更工事を完成し，指定完成検査機関が行う完成検査を受け，これが技術上の基準に適合していると認められ，その旨を都道府県知事に届け出た場合は，都道府県知事が行う完成検査を受けることなく，その製造施設を使用することができる。 28-10

○イ．高圧ガスの製造施設の特定変更工事を完成し，指定完成検査機関が行う完成検査を受け，これが技術上の基準に適合していると認められ，その旨を都道府県知事に届け出た場合は，都道府県知事が行う完成検査を受けることなく，その製造施設を使用することができる。 26-10

×イ．製造施設の位置，構造又は設備の変更について都道府県知事の許可を受けた工事のうち特定変更工事に該当するものは，完成検査を受~~けることなく~~（けなければならない）その製造施設を使用することができる。 25-18

4 変更工事

×ロ．処理能力が増加するポンプ及び蒸発器の取替え工事は，軽微な変更の工事と~~して工事の完成後にその旨を都道府県知事等に届け出ればよい~~（ならず，特定変更工事となり工事の完成後には完成検査が必要である）。 1-10

処理能力が増加するポンプ及び蒸発器の取替え工事は，軽微な変更の工事とならず，特定変更工事となり完成検査が必要である。

×イ．液化窒素の貯槽を貯蔵能力が10トンのものに取り替える工事をしようとするときは，都道府県知事の許可を受けなければならないが，その変更工事の完成後，所定の完成検査を受け~~ることなく~~（なければ）使用することができ~~る~~（ない）。 27-10

5 特定施設の保安検査

○イ．この事業者が受ける保安検査は，特定施設の位置，構造及び設備が所定の技術上の基準に適合しているかどうかについて行われるものであって，製造の方法が所定の技術上の基準に適合しているかどうかについて行われるものではない。 1-11

○イ．特定施設について指定保安検査機関が行う保安検査を受け，その旨を都道府県知事等に届け出た場合は，都道府県知事等が行う保安検査を受ける必要はない。

30-12

○ハ．この事業者は，特定施設について，定期に，都道府県知事，高圧ガス保安協会又は指定保安検査機関が行う保安検査を受けなければならない。 29-10

○ロ．特定施設について指定保安検査機関が行う保安検査を受け，その旨を都道府県知事に届け出た場合は，都道府県知事が行う保安検査を受けなくてよい。

28-12

×ロ．特定施設について指定保安検査機関が行う保安検査を受け，その旨を都道府県知事に届け出た場合であっても，都道府県知事が行う保安検査を受けなければならない。 27-12

○ロ．この事業所の特定施設について指定保安検査機関が行う保安検査を受け，その旨を都道府県知事に届け出たので，都道府県知事が行う保安検査は受けなかった。

26-12

○ロ．特定施設について指定保安検査機関が行う保安検査を受け，その旨を都道府県知事に届け出た場合は，都道府県知事が行う保安検査を受ける必要はない。

25-20

指定保安検査機関の保安検査を受け知事に届けると，

知事が行う保安検査を受けなくていい。

6 自主検査

○ロ．この事業者が行う定期自主検査は，高圧ガス製造施設のうちガス設備のみについて行うことと定められている。 1-11

×ロ．アンモニアのガス設備，アセチレンのガス設備及び窒素のガス設備については，定期に，保安のための自主検査を行わなければならないが，窒素のガス設備については，その必要はない。 30-12

ガスの種類にかかわらず，第一種製造者は定期に保安のための自主検査を行わなければならない。

×ハ．製造施設について保安検査を受け，所定の技術上の基準に適合していると認められたときは，その翌年の定期自主検査を行わ~~なくてよい~~なければならない。 29-12

（自主検査は保安検査とは別）

○ハ．定期自主検査を行ったときは，所定の検査記録を作成して保存しなければならないが，その検査記録を都道府県知事に届け出なくてよい。 28-12

×ハ．この事業所のガス設備が所定の技術上の基準に適合しているかどうかについて，~~2~~1年に１回定期自主検査を行い，所定の検査記録を作成して保存している。 26-12

×ハ．アンモニアのガス設備，アセチレンのガス設備及び酸素のガス設備については，定期に保安のための自主検査を行わなければならないが，窒素のガス設備について~~は，その必要はない~~も自主検査を行わなければならない。 27-12

×ハ．アンモニアの製造施設，アセチレンの製造施設及び酸素の製造施設については，定期に，保安のための自主検査を行わなければならないが，窒素の製造施設について~~は，その必要はない~~も自主検査を行わなければならない。 25-20

製造施設について保安検査を受け，所定の技術上の基準に適合していると認められたときは，その翌年の定期自主検査を行わなければならない。

定期自主検査
- 毎年行う
- 検査記録作成・保存
  →知事に届けなくてよい

定期に保安のための自主検査

アンモニア・アセチレン・酸素のガス設備・製造設備→自主検査必要！

窒素についても自主検査必要

7 保安統括者

×ロ．選任した保安統括者が旅行，疾病その他の事故によってその職務を行うことができなくなったときは，直ちに，高圧ガスの製造に関する知識経験を有する者のうちから代理者を選任しなければならないが，その選任について都道府県知事に届け出る必要はない。 29-12

○イ．あらかじめ，保安統括者の代理者を選任し，保安統括者が旅行，疾病，その他の事故によってその職務を行うことができない場合に，その職務を代行させなければならないが，その代理者を選任又は解任したときは，遅滞なく，その旨を都道府県知事に届け出なければならない。 28-11

○ハ．保安統括者として選任した者が製造保安責任者免状の交付を受けていない場合，所定の製造保安責任者免状の交付を受け，かつ，高圧ガスの製造に関する所定の経験を有する者のうちから保安技術管理者を選任しなければならない。 28-11

×イ．選任した保安統括者が旅行，疾病その他の事故によってその職務を行うことができなくなったときは，直ちに，高圧ガスの製造に関する知識経験を有する者のうちから代理者を選任すれば，その選任について都道府県知事に届け出る必要はない。 25-20

×イ．この事業所に保安技術管理者を選任する場合，可燃性・毒性ガス及び酸素の高圧ガスの製造に関する所定の経験を有する者であれば，特別試験科目に係る丙種化学責任者免状の交付を受けた者を選任することができる。 26-11

保安統括者
　あらかじめ代理者を選任
　その代理者を選任・解任→遅滞なく届出

　保安統括者として選任した者が製造保安責任者免状の交付を受けていない場合，所定の製造保安責任者免状の交付を受け，かつ，高圧ガスの製造に関する所定の経験を有する者のうちから保安技術管理者を選任しなければならない。

　この事業所に保安技術管理者を選任する場合，可燃性・毒性ガス及び酸素の高圧ガスの製造に関する所定の経験を有する者であれば，特別試験科目に係る甲種化学機械・乙種化学機械（のみで丙種はダメ）責任者免状の交付を受けた者を選任することができる。

8 保安係員

8-1 講　習

×ロ．選任した保安係員には，選任した日から5年以内に，高圧ガス保安協会又は指定講習機関が行う高圧ガスによる災害の防止に関する第１回の講習を受けさせなければならない。 1-12

×ロ．選任した保安係員に，高圧ガス保安協会又は指定講習機関が行う高圧ガスによる災害の防止に関する講習を所定の期間内に受けさせることができない場合，保安係員の代理者にその講習を受けさせることと定められている。 30-10

○ハ．選任した保安係員には，所定の期間内に，高圧ガス保安協会又は指定講習機関が行う高圧ガスによる災害の防止に関する講習を受けさせなければならない。

29-11 26-11

○イ．平成23年3月1日に所定の製造保安責任者免状の交付を受け，その後保安係員に選任されたことがない者を平成28年8月1日に保安係員に選任した場合，この保安係員には選任した日から6か月以内に高圧ガス保安協会又は指定講習機関が行う高圧ガスによる災害の防止に関する第１回の講習を受けさせなければならない。 28-12

○イ．乙種化学専任者免状又は乙種機械責任者免状の交付を受けている者を保安係員に選任した場合であっても，その者に高圧ガス保安協会又は指定講習機関が行う高圧ガスによる災害の防止に関する講習を所定の期間内に受けさせなければならない。 27-12

○ロ．選任している保安係員には，高圧ガスの災害の防止に関する第２回の講習を受けさせた日の属する年度の翌年度の開始の日から5年以内に第３回の講習を受け

・乙種化学責任者免状又は乙種機械責任者免状の交付を受けている者を保安係員に選任した場合であっても，その者に高圧ガス保安協会又は指定講習機関が行う高圧ガスによる災害の防止に関する講習を所定の期間内に受けさせなければならない。

・選任している保安係員には，高圧ガスの災害の防止に関する第２の講習を受けさせた日の属する年度の翌年度の開始から5年以内に第３回の講習を受けさせなければならない。

させなければならない。 25-19

8-2 選　任

○イ．選任する保安係員には，所定の製造保安責任者免状の交付を受け，かつ，所定の高圧ガスの製造に関する経験を有する者でなければならない。 1-12

×ハ．保安係員を選任又は解任した場合は，その都度，都道府県知事等にその旨を遅滞なく届け出なければならない。 1-12

○イ．保安係員の代理者についても，所定の製造保安責任者免状の交付を受けている者であって，かつ，所定の高圧ガスの製造に関する経験を有する者のうちから選任しなければならない。 30-10

×ハ．保安係員を選任したときは，遅滞なくその旨を都道府県知事等に届け出なければならないが，保安係員を解任したときは，その旨を都道府県知事等に届け出なくてよい。 30-11

×ロ．専ら容器に充てんしている事業所であるので，保安係員は，従業員の交替制をとっていても，その交替制のために編成された従業員の単位ごとに選任しなくてもよい。 29-11

○イ．所定の製造保安責任者免状の交付を受けている者であって，かつ，所定の高圧ガスの製造に関する経験を有する者のうちから保安係員を選任しなければならない。 29-12

×ロ．所定の製造保安責任者免状の交付を受けている者又は高圧ガスの製造に関する所定の経験を有している者のいずれか一方の要件を満たす者を，保安係員に選任することができる。 28-11

×イ．甲種化学責任者免状又は甲種機械責任者免状の交付を受けている者であれば，高圧ガスの製造に関する所定の

・従業員の単位ごとに選任。
・保安係員の選任には所定の製造保安責任者免状の交付を受けている者さらに所定の経験。
・代理者はあらかじめ選任しておく。
・保安係員の代理者の選任・解任→届け出なくてよい。
・保安係員へは経験１年以上。

経験を有しない者する者等を保安係員に選任することができる。 27-11

×ハ．選任した保安係員が旅行，疾病その他の事故によってその職務を行うことができなくなったときは，直ちに，代理者はあらかじめ選任しておかなければならない。高圧ガスの製造に関する知識経験を有する者のうちから代理者を選任し，都道府県知事に届け出なければならないる必要はない。 27-11

○イ．事業所の保安係員の代理者には，所定の製造保安責任者免状の交付を受け，かつ，所定の経験を有する者を選任したが，その選任又は解任については都道府県知事に届け出なかった。 26-12

×イ．甲種化学責任者免状又は甲種機械責任者免状の交付を受けている者であれば，高圧ガスの製造に関する6か月1年以上の経験を有する者を保安係員に選任することができる。 25-19

8-3 監　督

○ハ．保安係員に行わせるべき職務の一つに，「製造施設及び製造の方法についての巡視及び点検を行うこと。」がある。 30-10

○ロ．選任している保安係員に行わせるべき職務の一つに，「製造の方法が所定の技術上の基準に適合するように監督すること。」がある。 27-11

×ロ．選任した保安係員の定められた職務の一つに，保安検査の実施を監督することがあるは含まれていない。 26-11

×ハ．選任している保安係員に行わせるべき職務の一つに，「保安検査の実施について監督させること。」があるがない。「定期自主検査の実施を監督すること」は定められている。 25-19

保安係員の職務

・「製造の方法が所定の技術上の基準に適合するように監督すること」

2回

・保安検査の実施を監督することは含まれていない。
・「定期自主検査の実施を監督すること」は定められている。

1-7 一般則適用―技術上の基準について―（出題：問13～問20）

問13～問20 この事業所に適用される技術上の基準について正しいものはどれか。

1 漏えい

1-1 製造施設，製造設備

×ハ．アンモニアの製造施設のうち，アンモニアが漏えいしたときに安全に，かつ，速やかに除害するための措置を講じなければならない定めがあるのは，アンモニアのガス設備のみ~~である~~ならず容器置場においても同様。 29-16

○ハ．アンモニアの製造設備には，アンモニアが漏えいしたときに安全に，かつ，速やかに除害するための措置を講じなければならない。 28-16

○イ．アンモニアの製造施設には，他の製造施設と区分して，その外部から毒性ガスの製造施設である旨を容易に識別することができるような措置を講じ，ポンプ，バルブ及び継手その他アンモニアが漏えいするおそれのある箇所には，その旨の危険標識を掲げなければならない。 27-16

○イ．アンモニアの製造設備に，アンモニアが漏えいしたとき，安全に，かつ，速やかに除害するための措置を講じた場合であっても，このアンモニアの製造施設の液化アンモニアの貯槽の周囲には，液状のアンモニアが漏えいした場合にその流出を防止するための措置を講じなければならない。 25-12

- アンモニア漏えい時除害するための措置
  →アンモニアのガス設備と容器置場も
- 漏えいのおそれのある箇所に危険標識
- 漏えい時　流出を防止するための措置

1-2 貯　槽

○イ．これらの貯槽のうち，貯槽の周囲に液状のそのガスが漏えいした場合に，その流出を防止するための措置を講じなければならない定めがあるのは，液化アンモニアの貯槽のみである。 1-13

- アンモニア貯槽の周囲に流出を防止する措置（貯蔵能力5トン以上なら，この場合30トン）

×イ．液化アンモニアの貯槽の周囲には，液状のアンモニアが漏えいした場合にその流出を防止するための措置を講じる必要はない。 なければならない。 30-13

×ハ．液化アンモニアの貯槽の液化ガスを送り出すための配管に，液化アンモニアが漏えいしたときに安全に，かつ，速やかに遮断するための措置を講じた場合，その配管に設けたバルブのうち貯槽の直近にあるバルブは，使用時以外でも常時開とすることができる。 は閉鎖しておかなければならない。 30-14

○イ．液化アンモニアの貯槽の周囲には，液状のアンモニアが漏えいした場合にその流出を防止するための措置を講じなければならない。 29-13

×イ．液化アンモニアの貯槽の周囲には，液状のアンモニアが漏えいした場合にその流出を防止するための措置を講じなくてよい。 ければならない。（この場合30トン）
貯槽能力5トン以上の場合
26-13

×ハ．液化アンモニアの貯槽に取り付けた液化アンモニアを送り出すための配管には，貯槽の直近にバルブを設けるほか，液化アンモニアが漏えいしたときに安全に，かつ，速やかに遮断するためのバルブを設ければ，その配管にはこれ以上のバルブを設けるべき定めはない。 る以外に 1 こと。
29-14

○ハ．液化アンモニアの容器置場は，そのアンモニアが漏えいしたとき，漏えいしたアンモニアを安全に，かつ，速やかに除害するための措置を講じるとともに，そのアンモニアが漏えいしたとき滞留しないような構造とした。 25-11

○滞留しないような構造とした

1-3 警　報

○ハ．アセチレンの製造施設及びアンモニアの製造施設には，それぞれの製造施設から漏えいするガスが滞留するおそれのある場所に，そのガスの漏えいを検知し，か

・漏えいを検知し，かつ，警報するための設備を設けなければならないのはアンモ

つ，警報するための設備を設けなければならない。 1-18

○イ．これらの製造施設のうち，漏えいするガスが滞留するおそれのある場所に，そのガスの漏えいを検知し，かつ，警報するための設備を設けなければならない定めがあるのは，アンモニアの製造施設及びアセチレンの製造施設に限られている。 30-18

×ハ．これらの製造施設のうち，漏えいするガスが滞留するおそれのある場所に，そのガスの漏えいを検知し，かつ，警報するための設備を設けなければならない旨の定めがあるのは，アンモニアの製造施設のみである。（なくアセチレンについても設けなければならない。） 28-20

○ロ．これらの製造施設のうち，漏えいするガスが滞留するおそれのある場所に，そのガスの漏えいを検知し，かつ，警報するための設備を設けなければならない旨の定めがあるのは，アンモニア及びアセチレンの製造施設に限られている。 26-18 25-17

○イ．処理設備及び貯蔵設備の外面から第一種保安物件又は第二種保安物件に対しそれぞれ所定の距離を有している場合であってもアンモニアの製造施設及びアセチレンの製造施設には，漏えいするガスが滞留するおそれのある場所に，そのガスの漏えいを検知し，かつ，警報するための設備を設けなければならない。 27-19

ニア及びアセチレンの製造施設に限られている。（酸素・窒素は必要ない）

・第1種保安物件又は第2種保安物件に対しそれぞれ所定の距離を有している場合であっても警報設備は必要。

1-4 危険標識

○ロ．酸素の製造施設には，ポンプ，バルブ及び継手その他酸素が漏えいするおそれのある箇所に，その旨の危険標識を掲げなければならない旨の定めはない。 1-16

○ロ．液化アンモニアのポンプ等のアンモニアが漏えいするおそれのある箇所にその旨の危険標識を掲げていても，アンモニアの製造施設は他の製造施設と区分して，

・アンモニアが漏えいするおそれがある箇所には

両方必要→

・危険標識
・毒性ガスの製造施設であることを容易に識別できる措置

その外部から毒性ガスの製造施設である旨を容易に識別することができるような措置を講じなければならない。 30-16

×ロ．液化アンモニアのポンプ等のアンモニアが漏えいするおそれのある箇所にその旨の危険標識を掲げ~~れば~~ても，アンモニアの製造施設は他の製造施設と区分して，その外部から毒性ガスの製造施設であることを容易に識別できる措置を講じ~~なくてよい~~る必要がある。アンモニアは毒性ガスと定義される。 29-16

×ロ．アンモニアの製造施設には，他の製造施設と区分して，その外部から毒性ガスの製造施設である旨を容易に識別することができるような措置を講じた場合は，ポンプ，バルブ及び継手その他アンモニアが漏えいするおそれのある箇所に，その旨の危険標識を掲げる必要~~はない~~がある。［識別措置と危険標識は両方必要］ 28-16

○ハ．アンモニアのガス設備に係る配管，管継手及びバルブの接合を溶接により行った場合であっても，ポンプ，バルブ及び継手その他アンモニアが漏えいするおそれのある箇所には，その旨の危険標識を掲げなければならない。 26-16

○ハ．アンモニアの製造施設には，アンモニアの漏えいを検知し，かつ，警報するための設備を設けた場合であっても，アンモニアが漏えいするおそれのある箇所である旨の危険標識を掲げなければならない。 25-15

・接合を溶接によっても，漏えいするおそれがある箇所には危険標識必要。
・警報する設備があっても，漏えいするおそれがある箇所には危険標識必要。

1-5 滞留しないような構造

○ロ．アンモニアの製造設備及びアセチレンの製造設備を設置する室は，それらのガスが漏えいしたとき滞留しないような構造としなければならない。 30-13

○ロ．アセチレンの製造設備を設置する室は，そのガスが漏えいしたとき滞留しないような構造としなけれ

・アセチレン及びアンモニアの製造設備を設置する室は，それらのガスが漏えいしたときに滞留しないような構造としなければならない。

ばならない。 29-13

○イ．アセチレン及びアンモニアの製造設備を設置する室は，それらのガスが漏えいしたとき滞留しないような構造としなければならない。 28-14

×ロ．窒素（可燃性ガス）の製造設備を設置する室は，窒素（可燃性ガス）が漏えいしたときに，滞留しないような構造としなければならない旨の定めがある。（窒素は不活性ガスであるのでそのような規定はない）。 26-13

×ハ．全ての（可燃性）ガスの製造設備について，「製造設備を設置する室は，ガスが漏えいしたとき滞留しないような構造としなければならない。」と定められている。 27-15

窒素はマチガイ
↓
・可燃性ガスの製造設備において「製造設備を設置する室は，ガスが漏えいしたときに滞留しないような構造としなければならない」と定められている。

1-6 5000リットル以上

×ロ．液化アンモニアの貯槽は内容積が5000リットル以上であるため，貯槽に取り付けた配管には液化アンモニアが漏えいしたとき安全に，かつ，速やかに遮断するための措置を講じなければならないが，その措置は，液化ガスを送り出すために用いられる配管にのみ講じることと定められている（だけではなく受け入れるために用いられる配管のいずれも設けることとされている）。 27-14

×ロ．アンモニア，酸素及び窒素（窒素は該当外）の貯槽は，その内容積が5000リットル以上であるので，これらすべての貯槽のそれぞれの液化ガスを送り出し，又は受け入れるために用いられる配管には，それぞれの液化ガスが漏えいしたときに安全に，かつ，速やかに遮断するための措置を講じなければならないと定められている。 25-15

×ハ．液化酸素の貯槽は内容積が5000リットル以上であるが，その貯槽に取り付けた配管のうち，液化酸素を受け入れるためにのみ用いられるものには，液化酸素が漏えいしたとき安全に，かつ，速やかに遮断するための措置を講じる必要はない（がある）。 28-14

・液化アンモニア，酸素の貯槽（窒素はいらない）は5000リットル以上であるため，漏えいしたときの措置，送り出す配管，受け入れるための配管，両方必要。

×ハ．液化酸素の貯槽は内容積が 5000リットル以上 であるが，その貯槽に取り付けた配管のうち，液化酸素を受け入れるためにのみ用いられるものには，液化酸素が 漏えい したときに安全に，かつ，速やかに遮断するための措置を講じる必要~~はない~~がある。 26-14

1-7 連動措置

×ハ．アンモニアの製造設備に，アンモニアが 漏えいしたとき に 連動装置 により直ちに漏えいを防止するための措置を講じた場合は，除害するための措置を講~~じなくてよい~~ずることとする。 30-16

×ロ．アンモニアの製造設備に，アンモニアが 漏えいしたとき に 連動装置 により直ちに漏えいを防止するための措置を講じた場合は，安全に，かつ，速やかに除害するための措置を講じ~~なくてよい~~なければならない。 27-16

×ハ．アンモニアの製造設備に，アンモニアが 漏えいしたとき に 連動装置 により直ちに漏えいを防止するための措置を講じた場合は，除害するための措置を講~~じなくてよい~~ずることとする。 25-17

・アンモニアの製造設備に，アンモニアが漏えいしたときに連動装置により直ちに漏えいを防止するための措置を講じた場合でも安全に，かつ，速やかに除害するための措置は講じる必要がある。

1-8 措　置

×イ．全ての貯槽の周囲には，液状のガスが 漏えいしたとき にその流出を防止するための 措置 を講じなければならないと定められている。 28-13

この措置をしなければならない貯槽は {可燃性ガス及び酸素の液化ガス1000トン以上 / 毒性ガスの液化ガス5トン以上

×ロ．液化アンモニアの貯槽及び液化酸素の貯槽は，その周囲に液状のガスが 漏えいしたとき にその流出を防止するための 措置 を講じなければならないものに該当する。 27-13

1000トン以上の場合流出の措置必要。この場合20トンで必要ない。

・液状のガスが漏えいした場合に，その流出を防止するための措置を講じなければならない貯槽は
・可燃性ガス及び酸素の液化ガス1000トン以上，毒性ガスの液化ガス5トン以上。

液化アンモニア（毒性ガス）30トンで該当するが，液化酸素20トンなので

該当しない。

2 沈下状況

○ハ．この液化窒素の貯槽は，その沈下状況を測定するための措置を講じ，所定の基準により，沈下状況を測定しなければならないものに該当する。 1-13

×ロ．液化アンモニアの貯槽及び液化酸素の貯槽は，所定の基準によりその沈下状況を測定しなければならないが，液化窒素の貯槽についてはその必要はない。 30-14

×ロ．不活性ガスである液化窒素の貯槽については，その沈下状況を測定するべき定めはない。 29-14

○ロ．不活性ガスである液化窒素の貯槽についても，その沈下状況を測定するための措置を講じ，所定の基準により沈下状況を測定しなければならない。 28-14

○イ．液化アンモニアの貯槽，液化酸素の貯槽及び液化窒素の貯槽は，それぞれ所定の耐震設計の基準により地震の影響に対して安全な構造とした場合であっても，その沈下状況を測定するための措置を講じ，所定の基準により，沈下状況を測定しなければならない。 27-13

×ロ．液化アンモニアの貯槽は，貯槽の基礎を所定の耐震設計の基準により，地震の影響に対して安全な構造とした場合，その沈下状況を測定するための措置を講じる必要はない。 26-14

○イ．これらの製造設備のうち，沈下状況を測定するための措置を講じ，かつ，所定の基準により沈下状況を測定しなければならない旨の定めがあるのは，液化アンモニアの貯槽，液化酸素の貯槽及び液化窒素の貯槽に限られている。 25-16

・液化アンモニア，液化酸素，液化窒素（3つすべて）の貯槽について，その沈下状況を測定しなければならない。
（それぞれ所定の耐震設計の基準により地震の影響に対して安全な構造とした場合であっても）

3 容器置場

○ハ．容器置場の外面から第二種保安物件に対して有しなければならない第二種置場距離は，その容器置場の面積に応じて算出される。 1-16

×ロ．液化アンモニアの充塡容器及び残ガス容器は，それぞれ区分して容器置場に置かなければならないが，圧縮窒素の充塡容器及び残ガス容器はそれぞれ区分して容器置場に置くべき定めはない。 1-19

○ハ．容器置場に置く充塡容器及び残ガス容器は，特に定めるものを除き，常に温度40度以下に保たなければならない。 1-19

○イ．高圧ガスを充塡した容器は，窒素のものであっても，充塡容器及び残ガス容器にそれぞれ区分して容器置場に置かなければならない。 30-20

○ロ．液化アンモニア，アセチレン及び酸素を充塡した容器は，それぞれ区分して容器置場に置かなければならない。 30-20

○ロ．液化アンモニアの充てん容器と圧縮酸素の充てん容器は，それぞれ区分して容器置場に置かなければならない。 29-20

○ハ．液化アンモニアの容器置場には，携帯電燈以外の燈火を携えて立ち入ってはならない。 29-20

×ハ．液化アンモニアの容器置場の外面から第二種保安物件に対して有しなければならない第二種置場距離は，その容器置場に貯蔵できる液化アンモニアの質量に応じて算出される。 28-13

○ハ．事業所の境界線を明示し，かつ，事業所の外部から見やすいように警戒標を掲げている場合であっても，容器置場を明示し，かつ，その外部から見やすいように警戒標を掲げなければならない。 27-16

・液化アンモニアの容器置場には，携帯電燈以外の燈火を携えて立ち入ってはならない。

・液化アンモニアの充てん容器と圧縮酸素の充てん容器はそれぞれ区分して容器置場に置かなければならない。

　窒素の容器のみを容器置場に置くときは，充てん容器及び残ガス容器にそれぞれ区分して置くべきこととされている。

　圧縮アセチレンガスの充てん場所とそのガスの充てん容器に係る容器置場との間には所定の強度を有する構造の障壁を設けなければならない。

　圧縮アセチレンガスを容器に充てんする場所及びガスの充てん容器に係る容器置場には火災等の原因により容器が破裂することを防止するための措置を講じた。

・液化アンモニアの容器置場の外面から第二種保安物件に対して有しなければならない第二種置場距離

×ロ．容器置場のうち，その規模に応じ，適切な消火設備を適切な箇所に設けなければならないのは，液化アンモニア及び圧縮アセチレンガスに係る容器置場に限られている。 26-16

○ハ．この液化アンモニアの容器置場には，携帯電燈以外の燈火を携えて立ち入ってはならない。 26-20

○イ．圧縮アセチレンガスを容器に充てんする場所及びそのガスの充てん容器に係る容器置場には，火災等の原因により容器が破裂することを防止するための措置を講じた。 25-11

×ハ．窒素の容器のみを容器置場に置くときは，充てん容器及び残ガス容器にそれぞれ区分して置くべき定めはない。 25-13

×ハ．圧縮アセチレンガスの充てん場所とそのガスの充てん容器に係る容器置場との間には，所定の強度を有する構造の障壁を設けなくてよい。 28-19

4 温度の上昇を防止するための措置

×イ．液化窒素の貯槽は，可燃性物質を取り扱う設備の周辺にある場合であっても，その貯槽及び支柱には，温度の上昇を防止するための措置を講じる必要はない。 1-15

○イ．液化アンモニアの貯槽の周辺に可燃性物質を取り扱う設備がない場合であっても，この貯槽及び支柱には，温度の上昇を防止するための措置を講じなければならない。 30-15

○ロ．液化アンモニアの貯槽の周辺に可燃性物質を取り扱う設備がない場合であっても，この貯槽及び支柱には，温度の上昇を防止するための措置を講じなければならない。 28-13

は，その容器置場の面積に応じた距離。

・事業所の境界線を明示し，かつ，事業所の外部から見やすいように警戒標を掲げている場合であっても，容器置場を明示し，かつ，その外部から見やすいように警戒標を掲げなければならない。

・その規模に応じ，適切な消火設備を適切な箇所に設けなければならないのは，液化アンモニア及び圧縮アセチレンガス及び酸素についても設けなければならない。

・液化アンモニアの貯槽の周辺に可燃性物質を取り扱う設備があってもなくてもその貯槽及び支柱には，温度の上昇を防止するための措置を講じなければならない。

○ハ．液化窒素の貯槽の周辺に可燃性物質を取り扱う設備がある場合は，その貯槽及び支柱には，温度の上昇を防止するための措置を講じなければならない。 27-14

○ロ．液化アンモニアの貯槽の周辺に可燃性物質を取り扱う設備がなかったが，この貯槽及びその支柱には，温度の上昇を防止するための措置を講じた。 25-11

5 バルブ又はコックには作業員が適切に操作できるような措置

○ハ．製造設備に設けたバルブ又はコックには，作業員が適切に操作することができるような措置を講じなければならない。 1-15

×ハ．アンモニア，アセチレン及び酸素の製造施設に係る製造設備に設けたバルブには作業員が適切に操作できるような措置を講じなければならないが，窒素の製造施設に係る製造設備に設けたバルブには~~は~~ついてもその措置を講じる必要~~はない~~がある。 29-15

○ハ．全ての製造設備に設けたバルブには，作業員がそのバルブを適切に操作することができるような措置を講じなければならない。 28-15

○ロ．アセチレンの製造設備に設けたバルブ又はコックには，作業員が適切に操作することができる措置を講じなければならない。 27-15

×ハ．製造設備に設けたバルブ又はコックには，作業員が適切に操作することができるような措置を講じなければならないが，バルブ又はコックの開閉を操作ボタン等で行う場合は，その操作ボタン等~~にはその措置を講じるべき定めはない~~についても適切に操作できるような措置を講じなければならない。 26-15

×ロ．製造設備に設けたバルブ又はコックのうち，作業員がそれらを適切に操作することができるような措置を講じなければならない旨の定めがあるのは，高圧ガス設

・全ての製造設備（アンモニア，アセチレン，酸素及び窒素）に設けたバルブ又はコックには作業員が適切に操作できる措置を講じなければならない。（例外がない）
・バルブ又はコックの開閉を操作ボタン等で行う場合も同じである。

備を含むガス設備に設けられたバルブ又はコックに限られている。 25-16

6 配管とバルブの接合に溶接

×ロ．液化アンモニアの配管とバルブの接合は，溶接以外は認められていない。 1-15

○ロ．アンモニアのガス設備に係る配管，管継手及びバルブの接合は，特に定める場合を除き，溶接により行わなければならない。 30-15

○ロ．液化アンモニアの配管とバルブの接合は，溶接によることが適当でない場合，保安上必要な強度を有するフランジ接合又はねじ接合継手による接合とすることができる。 29-15

×ロ．液化アンモニアの配管の接合は，溶接によることが適当でない場合は保安上必要な強度を有するフランジ接合による接合をもって代えることができるが，ねじ接合継手による接合はいかなる場合であっても認められていない。 28-15

×イ．アンモニアの製造設備に係る配管，管継手及びバルブの接合が溶接によることが適当でない場合，その方法に代えることができるものとして定められているのは，保安上必要な強度を有するフランジ接合のみである。 27-15

○ロ．液化アンモニアの配管とバルブの接合は，溶接によることが適当でない場合，保安上必要な強度を有するフランジ接合又はねじ接合継手による接合とすることかできる。 26-15

・液化アンモニアの配管とバルブの接合は，溶接によることが適当でない場合，保安上必要な強度を有するフランジ接合又はねじ接合継手による接合とすることができる。

7 液面計

○イ．液化アンモニアの貯槽及び液化酸素の貯槽のほか，不活性ガスである液化窒素の貯槽にも所定の液面計を設けるべき定めがある。 1-14

○イ．液化アンモニアの貯槽に設ける液面計には，丸形ガラス管液面計を用いてはならない。 30-14

○イ．液化アンモニアの貯槽及び液化酸素の貯槽のほか，不活性ガスである液化窒素の貯槽にも所定の液面計を設けるべき定めがある。 29-14

×ハ．これらの液化ガスの貯槽のうち，液面計を設けるべき定めがあるのは，液化アンモニアの貯槽のみで~~ある~~はない。ガスの種類に関係なく液面計は必要である。 27-13

○イ．液化アンモニアの貯槽に設ける液面計には，丸形ガラス管液面計を用いてはならない。 26-14

×ハ．液化アンモニアの貯槽に設ける液面計には，丸形ガラス管液面計を使用することがで~~きる~~ない。（酸素又は不活性ガスの超低温槽は使用可） 25-16

- 液化アンモニアの貯槽及び液化酸素の貯槽のほか，不活性ガスである液化窒素の貯槽にも所定の液面計を設けるべき定めがある。
- 液化アンモニアの貯槽に設ける液面計には，丸形ガラス管液面計を用いてはならない。
  （酸素又は不活性ガスの超低温槽は使用可）

8 高圧ガス設備に使用する材料

×ロ．アセチレンのガス設備のうち，使用する材料が，ガスの種類，性状，温度，圧力等に応じ，その設備の材料に及ぼす化学的影響及び物理的影響に対し，安全な化学的成分及び機械的性質を有するものでなければならないのは，高圧ガス設備の部分~~のみである~~のみならず。ガス設備全体に材料規制が適用される。 30-17

○イ．窒素のガス設備のうち，高圧ガス設備に使用する材料は，ガスの種類，性状，温度，圧力等に応じ，その設備の材料に及ぼす化学的影響及び物理的影響に対し，安全な化学的成分及び機械的性質を有するものであるこ

窒素，アンモニア，アセチレンガス，酸素
- 全ての製造施設の高圧ガス設備に使用する材料は，それぞれのガスの性状，温度，圧力等に応じ，その設備の材料に及ぼす化学的影響及び物理的影響に対し，安全な化学的成分及び機械的性質を有するものであることと定められている。

とと定められている。 29-18

○イ．窒素の［ガス設備に使用する材料］について，ガスの種類，性状，温度，圧力等に応じ，その設備の材料に及ぼす化学的影響及び物理的影響に対し，安全な化学的成分及び機械的性質を有しなければならない旨の定めがあるのは，高圧ガス設備に使用する部分のみである。 28-18

→・高圧ガス設備に使用する部分のみである（すべてのガス）。
・高圧ガス設備以外のガス設備に使用する材料についても材料規制が適用される（可燃性ガス，毒性ガス，酸素ガス適用）。

×ロ．アンモニアのガス設備のうち，［高圧ガス設備に使用する材料］は，ガスの種類，性状，温度，圧力等に応じ，その設備の材料に及ぼす化学的影響及び物理的影響に対し，安全な化学的成分及び機械的性質を有するものでなければならないが，高圧ガス設備以外のガス設備に使用する材料について~~は，その定めはない~~も材料規制が適用される。。 27-20

○イ．全ての製造施設の［高圧ガス設備に使用する材料］は，それぞれのガスの性状，温度，圧力等に応じ，その設備の材料に及ぼす化学的影響及び物理的影響に対し，安全な化学的成分及び機械的性質を有するものでなければならない。 26-18

×ロ．アセチレンのガス設備のうち，使用する［材料］が，ガスの種類，性状，温度，圧力等に応じ，その設備の材料に及ぼす化学的影響及び物理的影響に対し，安全な化学的成分及び機械的性質を有するものでなければならないのは，高圧ガス設備の部分~~のみである~~も含む。。 25-10

（可燃性ガス毒性ガス酸素以外のガスについては）窒素はこれに該当する

×イ．［窒素］のガス設備に使用する［材料］は，高圧ガス設備~~を除く部分についても~~に限って，ガスの種類，性状，温度，圧力等に応じ，その設備の材料に及ぼす化学的影響及び物理的影響に対し，安全な化学的成分及び機械的性質を有しなければならないと定められている。 25-14

9 耐圧試験

○ロ．高圧ガス設備の配管の取替え工事後の完成検査における耐圧試験は，水その他の安全な液体を使用することが困難であると認められる場合には，空気，窒素等の気体を使用して行うことができる。 1-13

○ハ．高圧ガス設備である配管の変更の工事の完成検査における耐圧試験は，アンモニア，アセチレン，酸素又は窒素のいずれの高圧ガス設備の配管においても，水その他の安全な液体を使用して行う場合は，常用の圧力の1.5倍以上の圧力で行わなければならない。 30-13

×ハ．液化アンモニアの配管の取替え工事後の完成検査における耐圧試験は，水その他の安全な液体を使用することが困難であると認められるときは，液状のアンモニアを使用して，常用の圧力の1.25倍の圧力で行うことができる。 29-13

○ハ．アセチレンの高圧ガス設備である配管の完成検査における耐圧試験は，水その他の安全な液体を使用することが困難であると認められる場合は，空気，窒素等の気体を使用して，常用の圧力の1.25倍以上の圧力で行うことができる。 26-13

○イ．高圧ガス設備である配管の変更工事の完成検査における耐圧試験は，アンモニア，アセチレン，酸素又は窒素のいずれの高圧ガス設備の配管の場合においても，水その他の安全な液体を使用して行う場合，常用の圧力の1.5倍以上の圧力で行わなければならない。

25-15

完成検査における耐圧試験は
気体 1.25倍の圧力
液体 1.5倍の圧力

10 圧力計

×ロ．アンモニア，アセチレン及び酸素の高圧ガス設備には，それぞれ所定の［圧力計］を設けなければならないが，窒素の高圧ガス設備について~~は，その定めはない~~も設けなければならない。。

1-17

×ロ．アンモニア，アセチレン及び酸素の高圧ガス設備には，所定の［圧力計］を設けなければならないが，窒素の高圧ガス設備について~~は，その定めはない~~も設けなければならない。。

ガスの種類に関係なく圧力計は必要

29-18　27-18

・アンモニア，アセチレン及び酸素の高圧ガス設備には，（ガスの種類に関係なし）所定の圧力計を設けなければならない。窒素の高圧ガス設備についても設けなければならない。

11 気密試験

○ハ．アセチレンの高圧ガス設備の配管に係る特定変更工事の完成検査において［気密試験］を行うときは，常用の圧力以上の圧力で行わなければならない。　1-17

×ハ．アセチレンの高圧ガス設備の配管に係る特定変更工事の完成検査において［気密試験］を行うときは，常用の圧力以上の圧力~~で行ってはならない~~により気密試験を行うこととされている。。

30-17

○ハ．高圧ガス設備である配管の取り替え工事後の完成検査における［気密試験］は，常用の圧力以上の圧力で行わなければならない。　29-17

×ハ．アンモニアの高圧ガス設備である配管の変更工事の完成検査において，水等の安全な液体を使用することが困難であると認められ，空気，窒素等の気体を使用して行う耐圧試験に合格した場合~~は~~でも，［気密試験］の実施を省略することができ~~る~~ない。。　28-17

×イ．アセチレンの高圧ガス設備の配管に係る特定変更工事の完成検査において［気密試験］を行うときは，常用の圧力以上の圧力で~~行ってはならない~~行うこととされている。。　27-20

・高圧ガス設備である配管の取り替え工事後の完成検査における気密試験は常用の圧力以上の圧力で行わなければならない。

・上記において，水等の安全な液体を使用することが困難であると認められ，空気，窒素等の気体を使用して行う耐圧試験に合格した場合でも気密試験は省略できない。

○ハ．高圧ガス設備である配管の変更工事の完成検査において気密試験を行うときは，常用の圧力以上の圧力で行わなければならない。 26-17

12 耐震設計

×ハ．液化アンモニア及び液化酸素の貯槽は，所定の耐震設計の基準により，地震の影響に対して安全な構造としなければならないが，液化窒素の貯槽については，その定めはない。3トン以上の貯槽にはガスの種類に関係なく耐震設計は必要。 29-18

○ハ．液化酸素の貯槽及びその支持構造物は，所定の耐震設計の基準により地震の影響に対して安全な構造としなければならないが，液化酸素のポンプについてはその旨の定めはない。 28-18

○ハ．液化窒素の貯槽は，不活性ガスの高圧ガス設備であるが，所定の耐震設計の基準により地震の影響に対して安全な構造としなければならないものに該当する。 27-20

×ハ．所定の耐震設計の基準により，地震の影響に対して安全な構造としなければならないと定められているのは，全ての貯槽，ポンプ及び圧縮機である。 26-18
は該当しない。

窒素も含む
・ガスの種類に関係なく３トン以上の貯槽及びその支持物は，所定の耐震設計の基準により地震の影響に対して安全な構造としなければならないが，ポンプ及び圧縮機は該当しない。

13 防爆性能

○イ．アセチレンの高圧ガス設備に係る電気設備は，その設置場所及びそのガスの種類に応じた防爆性能を有する構造のものとしなければならない。 1-16

○イ．アセチレンの高圧ガス設備に係る電気設備は，その設置場所及びそのガスの種類に応じた防爆性能を有する構造のものとしなければならない。 30-16

アセチレンの高圧ガス設備に係る電気設備に限る
アセチレンの高圧ガス設備に係る電気設備は，その設置場所及びそのガスの種類に応じた防爆性能を有する構〇イ．アセチレンの高圧ガス設備に係る電気設備を所定の防爆性能を有する構造のものとした場合であっても，その製造設備に生じる静電気を除去する措置を講じなければならない。 29-16

〇イ．アセチレンの高圧ガス設備に係る電気設備は，その設置場所及びそのガスの種類に応じた防爆性能を有する構造のものとしなければならない。 28-16

〇イ．高圧ガス設備に係る電気設備をその設置場所及びそのガスの種類に応じた防爆性能を有する構造のものとしなければならないのは，アセチレンの高圧ガス設備に係る電気設備に限られている。 26-16

造のものとしなければならない。

↑

とした場合であっても静電気を除去する措置を講じなければならない。

14 適切な防消火設備を適切な箇所に設けなければならない

×ハ．これらの製造施設のうち，その製造施設の規模に応じ，適切な防消火設備を適切な箇所に設けなければならない定めがあるのは，アンモニアの製造施設及びアセチレンの製造施設に限られて~~いる~~いない。酸素についても定められている。 30-18

×ロ．これらの製造施設のうち，その製造施設の規模に応じ，適切な防消火設備を適切な箇所に設けなければならない定めがあるのは，アセチレンの製造施設のみである。アンモニア及び酸素についても防消火設備が必要 29-17

〇ハ．アンモニアの製造施設，アセチレンの製造施設及び酸素の製造施設には，その規模に応じ，適切な防消火設備を適切な箇所に設けなければならないが，窒素の製造施設については，その定めはない。 27-19

×イ．これらの製造施設のうち，その規模に応じ，適切な防消火設備を適切な箇所に設けなければならない旨の定めがあるのは，アンモニア及びアセチレンの製造施設に限ら

これらの製造施設のうち，その製造施設の規模に応じ，適切な防消火設備を適切な箇所に設けなければならない定めがあるのはアセチレン，アンモニア，酸素製造施設である。

窒素はその定めがない。

れて~~いる~~。いない。酸素についても定められている。 26-19

15 修　理

○イ．ガス設備の修理を行うときは，あらかじめ，その修理の作業計画及びその作業の責任者を定め，修理はその作業計画に従うとともに，その作業の責任者の監視の下で行うか，又は，異常があったときに直ちにその旨をその責任者に通報するための措置を講じて行わなければならない。 1-19

○ハ．ガス設備の修理が終了したときは，そのガス設備が正常に作動することを確認した後でなければ高圧ガスの製造をしてはならない。 30-19

×イ．これらの製造施設のうち，ガス設備の修理又は清掃をするときに，あらかじめ，その修理又は清掃の作業計画及びその作業の責任者を定めなければならないのは，アセチレンのガス設備，アンモニアのガス設備及び酸素のガス整備を修理又は清掃するときに限られている。ガスの種類に関係なく作業責任者を定めなければならない。 29-20

○イ．ガス設備の修理を行うときは，あらかじめ，その修理の作業計画及びその作業の責任者を定め，修理はその作業計画に従うとともに，その作業の責任者の監視の下で行うか，又は，異常があったときに直ちにその旨をその責任者に通報するための措置を講じて行わなければならない。 28-19

○ロ．ガス設備の修理が終了したときは，そのガス設備が正常に作動することを確認した後でなければ高圧ガスの製造をしてはならない。 26-20

×ロ．液化窒素のポンプについて，その修理が終了したときはそのポンプが正常に作動することを確認した後でな

ガスの種類に関係なく

- ガス設備の修理を行うときは，あらかじめ，その修理の作業計画及びその作業の責任者を定め，修理はその作業計画に従うとともに，その作業の責任者の監視の下で行うか，又は，異常があったときに，直ちにその旨を責任者に通報するための措置を講じなければならない。
- 修理又は清掃が終了したときは，そのガス設備が正常に作動することを確認した後でなければ高圧ガスの製造をしてはならない。

ければ高圧ガスの製造をしてはならない~~が，開放して清掃した場合はそのポンプが正常に作動することを確認することなく高圧ガスの製造をすることができる~~。（。修理又は清掃が終了したときは，当該ガス設備が正常に作動することを確認した後でなければ製造をしないこととされている。）

25-12

16 止め弁

×イ．処理設備である液化アンモニアのポンプの逃し弁に付帯して設けた止め弁は，~~そのポンプの運転中を除き，常に閉止しておかなければならない~~（その安全弁の修理又は清掃のため特に必要な場合を除いて，常に全開しておかなければならない。）。

1-20

×イ．液化アンモニアのポンプの逃し弁に付帯して設けた止め弁は，~~そのポンプの運転中を除き，常に閉止しておかなければならない~~（その安全弁の修理又は清掃のため特に必要な場合を除いて，常に全開しておかなければならない。）。

30-19

×イ．高圧ガス設備の安全弁に付帯して設けた止め弁は，~~製造設備の使用終了時から使用開始時までの間は，~~不用意なガスの放出を防ぐため，~~閉止して~~（常に全開して）おかなければならない。

29-19

○イ．高圧ガス設備の安全弁に付帯して設けた止め弁は，その安全弁の修理又は清掃のため特に必要な場合を除いて，常に全開しておかなければならない。

28-20

×イ．アンモニアの高圧ガス設備の逃し弁に付帯して設けた止め弁は，製造をしていない場合には，常に~~閉止~~（全開）しておかなければならない。

26-20

×ハ．液化アンモニアのポンプの逃し弁に付帯して設けた止め弁は，~~そのポンプの運転中を除き，閉止しておかなければならない~~（その安全弁の修理又は清掃のため特に必要な場合を除いて，常に全開しておかなければならない。）。

25-12

・高圧ガス設備の安全弁に付帯して設けた止め弁は，その安全弁の修理又は清掃のため特に必要な場合を除いて，常に全開にしておかなければならない。

17 安全装置

○ロ．高圧ガス設備には，その設備内の圧力が許容圧力を超えた場合に直ちにその圧力を許容圧力以下に戻すことができる安全装置を設けなければならない。 1-18

×ロ．高圧ガス設備には，その設備内の圧力が一定の圧力を超えた場合に直ちにその圧力を一定の圧力以下に戻すことができる安全装置を設けなければならないが，その一定の圧力とはその高圧ガス設備の耐圧試験の圧力と定められている。 28-19

×ロ．アンモニア，アセチレン及び酸素の高圧ガス設備には，その設備内の圧力が許容圧力を超えた場合に直ちにその圧力を許容圧力以下に戻すことができる安全装置を設けなければならないが，窒素の高圧ガス設備については，その定めはない。 27-18

×ロ．高圧ガス設備には，その設備内の圧力が一定の圧力を超えた場合に直ちにその圧力を一定の圧力以下に戻すことができる安全装置を設けなければならないが，その一定の圧力とはその高圧ガス設備の耐圧試験の圧力と定められている。 26-19

○ハ．アセチレンの高圧ガス設備に安全装置として破裂板を設けている場合，この破裂板には放出管を設けるとともに，その放出管の開口部の位置は放出するアセチレンの性質に応じた適切な位置であることと定められている。 26-19

アンモニア，アセチレン，酸素，窒素についても

- 高圧ガス設備には，その設備内の圧力が一定の圧力を超えた場合に直ちにその圧力を一定の圧力以下に戻すことができる安全装置を設けなければならないが，その一定の圧力とは高圧ガス設備の許容圧力を超えた場合の圧力と定められている。
- アセチレンの高圧ガス設備に安全装置として破裂板を設けている場合，この破裂板には放出管を設けるとともに，その放出管の開口部の位置は放出するアセチレンの性質に応じた適切な位置であることと定められている。

18 安全弁

○イ．高圧ガス設備に設けた安全弁には，放出管を設けなければならないものがあるが，窒素の高圧ガス設備に設けた安全弁については，その定めはない。 1-17

- アンモニア，アセチレン及び酸素の高圧ガス設備に設けた安全弁には，放出管を

×ロ．高圧ガス設備に設けた安全装置のうち，安全弁に所定の放出管を設けなければならない定めがあるのは，アセチレンの高圧ガス設備に設けたものに~~限られている~~限られていない。不活性ガス及び空気に係るもの以外の高圧ガス設備に設けたもの。 30-18

○ハ．アンモニア，アセチレン及び酸素の高圧ガス設備に設けた安全弁には，放出管を設けなければならないが，窒素の高圧ガス設備に設けた安全弁については，その定めはない。 27-18

設けなければならないが，窒素の高圧ガス設備に設けた安全弁については，その定めはない。

19 直近のバルブ

×ハ．液化アンモニアの貯槽のガスを送り出すための配管のその貯槽の直近に取り付けたバルブは，速やかに操作できる遠隔操作が可能な機構とすれば，そのバルブは使用時以外~~でも開としておくことができる~~は閉鎖しておかなければならない。 1-14

○イ．液化酸素の貯槽の液化酸素を送り出すために用いられる配管に設けてあるバルブのうち，その貯槽の直近のバルブは，使用時以外は閉鎖しておかなければならない。 28-15

○イ．液化酸素の貯槽に取り付けた液化酸素を送り出し，又は受け入れるために用いられる配管には，その貯槽の直近にバルブを設けなければならないが，そのバルブは使用時以外は閉鎖しておかなければならない。 27-14

・液化酸素の貯槽の液化酸素を送り出すために用いられる配管に設けてあるバルブのうち，その貯槽の直近のバルブは，使用時以外は閉鎖しておかなければならない。

20 障　壁

○イ．アセチレンの圧縮機と圧縮アセチレンガスを容器に充塡する場所との間には，所定の強度を有する構造の障壁を設けなければならないと定められている。 1-18

×ロ．液化アンモニアのポンプの外面から液化酸素のポンプ

・圧縮アセチレンガスを容器に充てんする場所とそのガスの充てん容器に係る容器置場の間には，所定

に対して有すべき距離は，これらの設備の間に所定の強度を有する障壁を設けることにより減じることができる。（による緩和措置はない。） 28-17

◯イ．圧縮アセチレンガスを容器に充てんする場所とそのガスの充てん容器に係る容器置場との間には，所定の強度を有する構造の障壁を設けなければならないと定められている。 27-17

の強度を有する構造の障壁を設けなければならないと定められている。

可燃性ガス

・液化アンモニアのポンプの外面から液化酸素のポンプに対して有すべき距離は障壁を設けることによる緩和措置はない。

21 距　離

◯ハ．容器置場の外面から第一種保安物件及び第二種保安物件に対して有すべき第一種置場距離及び第二種置場距離は，その容器置場の面積に応じて算出される。 30-15

×イ．この高圧ガス製造施設に係る容器置場の外面から第一種保安物件及び第二種保安物件に対し有すべき距離は，その処理能力及び貯蔵能力に応じて算出される。（容器置場の面積に応じて算出される。） 26-15

◯ハ．窒素の処理設備の外面から第一種保安物件に対し有しなければならない第一種設備距離と，酸素の処理設備の外面から第二種保安物件に対し有しなければならない第二種設備距離は，それぞれの処理設備の処理能力の値が同じであるので，同じ距離である。 25-14

・窒素の処理設備の外面から第一種保安物件に対し有しなければならない第一種設備距離と，酸素の処理設備の外面から第二種保安物件に対し有しなければならない第二種設備距離は，それぞれの処理設備の処理能力の値が同じであるので同じ距離である。

・この高圧ガス製造施設に係る容器置場の外面から第一種保安物件及び第二種保安物件に対し有すべき距離は，容器置場の面積に応じて算出される。

22 停電等

◯ロ．製造施設には，製造設備を自動的に制御する装置及び保安の確保に必要な所定の設備が停電等によりその設

・製造設備を自動的に制御する装置及び製

備の機能が失われることのないよう措置を講じなければならない。 1-14

○イ．製造設備を自動的に制御する装置及び製造施設の保安の確保に必要な所定の設備を設置する製造施設には，停電等によりその設備の機能が失われることのないよう措置を講じなければならない。 29-15

造施設の保安の確保に必要な所定の設備を設置する製造施設には，停電等によりその設備の機能が失われることのないよう措置を講じなければならない。

23 有害なひずみ

×ロ．液化窒素の貯槽は，その基礎を不同沈下等によりその貯槽に有害なひずみが生じないようなものと~~すれば~~（しても），その貯槽の支柱を同一の基礎に緊結しな~~くてよい~~（ければならない。）。

貯蔵能力が１トン以上の貯槽の支柱は同一の基礎に緊結しなければならない。 28-18 25-10

・液化窒素の貯槽は，その基礎を不同沈下等によりその貯槽に有害なひずみが生じないようなものとしても，１トン以上の貯槽の支柱は同一の基礎に緊結しなければならない。

24 容器の取扱い

○ハ．内容積が５リットルを超える充塡容器及び残ガス容器には，転落，転倒等による衝撃及びバルブの損傷を防止する措置を講じ，かつ，粗暴な取扱いをしてはならない。 30-20

過去問題分析と同じ

25 同一の基礎に緊結

×ロ．液化アンモニアの貯槽の支柱は，同一の基礎に緊結（ガスの種類は関係なし）しなければならないが，液化窒素の貯槽の支柱及び液化酸素の貯槽の支柱について~~は，その定めはない~~（も同一の基礎に緊結しなければならない。）。 27-19

過去問題分析と同じ

26 可燃性ガスの貯槽であることの識別

×ロ．液化アンモニアは毒性ガスでもあるため，その貯槽には可燃性ガスの貯槽であることが容易に識別することができるような措置を講じ~~てはならない~~なければならない。 25-17

過去問題分析と同じ

27 数字関係

27-1 1日に1回以上

○ハ．窒素の製造においても，製造設備の使用開始時及び使用終了時にその製造設備の属する製造施設の異常の有無を点検するほか，1日に1回以上製造をする高圧ガスの種類及び製造設備の態様に応じ頻繁に製造設備の作動状況について点検しなければならないと定められている。 1-20

○ロ．窒素の高圧ガスを製造する場合であっても，その製造設備の使用開始時及び使用終了時にその製造設備の属する製造施設の異常の有無を点検するほか，1日に1回以上製造をする高圧ガスの種類及び製造設備の態様に応じ頻繁に製造設備の作動状況について点検しなければならない。 30-19

○ハ．全ての高圧ガスの製造において，その製造設備の使用開始時及び使用終了時にその製造設備の属する製造施設の異常の有無を点検するほか，1日に1回以上製造をする高圧ガスの種類及び製造設備の態様に応じ頻繁に製造設備の作動状況について点検しなければならない。

29-19 28-20

×イ．アセチレン，アンモニア及び酸素の製造においては，その製造設備の使用開始時及び使用終了時のほか，1日に1回以上，頻繁に，その製造設備の属する製造施設の異常の有無を点検しなければならないが，窒素の製

もちろん窒素も含む！

・全ての高圧ガスの製造において，その製造設備の使用開始時及び使用終了時にその製造設備の属する製造施設の異常の有無を点検するほか，1日1回以上製造をする高圧ガスの種類及び製造設備の態様に応じ頻繁に製造設備の作動状況について点検しなければならない。

造においては，使用開始時~~又は~~と使用終了時の~~いずれか~~両方に点検す~~ればよい~~る。（ガスの種類に関係なく使用前終了後に所定の点検をしなければならない） 25-13

27-2 8メートル以上の距離

○イ．アンモニアの製造設備のうちアンモニアが通る部分については，特に定められた場合を除き，その外面から火気を取り扱う施設に対し 8メートル以上の距離 を有しなければならない。 30-17

○イ．アセチレンの製造設備のアセチレンの通る部分の外面からその製造設備外の火気を取り扱う施設に対して 8メートル以上の距離 を確保できない場合は，流動防止措置又はそのガスが漏えいしたときに連動装置により直ちに使用中の火気を消すための措置を講じなければならない。 29-17

○イ．アンモニアの製造設備のうちアンモニアの通る部分については，特に定められた場合を除き，その外面から火気を取り扱う施設に対し 8メートル以上の距離 を有しなければならないが，酸素の製造設備については，その距離を有しなければならない旨の定めはない。 28-17

○ハ．アセチレンの製造設備のアセチレンの通る部分が，その外面からアセチレンの製造設備以外の火気を取り扱う施設に対して 8メートル以上の距離 を確保している場合は，漏えいしたアセチレンが火気を取り扱う施設に流動することを防止するための措置を講じなくてもよい。 27-17

×イ．~~酸素~~可燃性ガスの製造設備（~~酸素~~可燃性ガスの通る部分に限る。）は，その外面からその製造設備外の火気を取り扱う施設に対し 8メートル以上の距離 を有し，又は~~酸素~~可燃性ガスの流動防止措置若しくは~~酸素~~可燃性ガスが漏えいしたときに連動装置により直ちに使用中の火気を消すための措置を講じることと定め

・アンモニアの製造設備のうちアンモニアの通る部分については，特に定められた場合を除き，その外面から火気を取り扱う施設に対し8メートル以上の距離を有しなければならないが，酸素の製造設備設備については，その定めはない。

・アセチレンの製造設備のアセチレンを通る部分がその外面からアセチレンの製造設備以外の火気を取り扱う施設に対し8メートル以上の距離を有しなければならないが，

8メートル以上の距離を確保できない場合は，流動防止措置又はそのガスが漏えいしたときに連動装置により直ちに使用中の火気を消すための措置を講じなければならない。

8メートル以上の距離を確保している場合は，漏えいしたアセチレンが火気を取り扱う施設に流動

られている。（酸素の製造設備についてはこの措置は規定されていない） 26-17

○ロ．アンモニアの製造設備のアンモニアの通る部分については，その外面からアンモニアの製造設備外の火気を取り扱う施設に対し 8メートル以上の距離 を有しなければならないが，酸素の製造設備については，その定めはない。 25-14

することを防止するための措置を講じなくてもよい。

×・~~酸素~~可燃性ガスの製造設備（~~酸素~~の通る部分に限る。）はその外面からその製造施設外の火気を取り扱う施設に対し8メートル以上の距離を有し，又は酸素の流動防止措置若くは酸素が漏えいしたときに連動装置により直ちに使用中の火気を消すための措置を講じることと定められている。

可燃性ガスについては適用，酸素の製造設備についてはこの措置は規定されていない。

27-3 10メートル以上の距離

×ロ．酸素の高圧ガス設備であるポンプは，その外面から~~窒素~~可燃性ガスの高圧ガス設備に対して，10メートル以上の距離 を有しなければならないと定められている。 27-17

×ロ．アセチレンの製造設備の高圧ガス設備は，その外面から~~窒素~~酸素の製造設備の高圧ガス設備（窒素の通る部分に限る。）に対し 10メートル以上の距離 を有することと定められている。（窒素については距離規則はない） 26-17

○イ．アセチレンの高圧ガス設備である圧縮機の外面から 10メートル以上の距離 を有しなければならない旨の定めがある他の製造設備の高圧ガス設備は，酸素の製

・酸素の高圧ガス設備は（酸素 窒素ではない 可燃性ガス）の高圧ガス設備に対してその外面から10メートル以上の距離を有することと定められている。

造設備の高圧ガス設備（酸素の通る部分に限る。）のみである。 25-10

27-4 90パーセント

○ロ．これらの貯槽に液化ガスを充塡するときは，それぞれの液化ガスの容量がそれぞれの貯槽の常用の温度においてその内容積の 90パーセント を超えないように充塡しなければならないが，液化アンモニアの貯槽については，その 90パーセント を超えることを自動的に検知し，かつ，警報するための措置を講じなければならない。 1-20

○ロ．これらの貯槽に液化ガスを充てんするときは，それぞれの液化ガスの容量がそれぞれの貯槽の常用の温度においてその内容積の 90パーセント を超えないように充てんしなければならない。 29-19

○ロ．液化酸素の貯槽に液化酸素を充てんするときは，その液化ガスの容量が貯槽の常用の温度において，その内容積の 90パーセント を超えないように充てんしなければならない。 25-13

液化酸素だけでない
↓
・これらの貯槽に液化ガスを充てんするときは，それぞれの液化ガスの容量がそれぞれの貯槽の常用の温度においてその内容積の 90 パーセントを超えないように充てんしなければならない。

製造保安責任者試験

丙種化学（特別）

第2章

保安

問題分析

丙種化学〈保安〉問題（R1年～H25年）項目一覧

項目	30の保安知識（項目）
1	金属材料（1,29,28,27,26,25），非金属材料（30）
2	金属の腐食と防食（1,30,29,28,27,26,25）
3	溶接（1,29,27,26,25）
4	非破壊試験（30,29,28,27,26）
5	貯層，塔槽および熱交換器（1,30,28,27,26）
6	選定：軸封装置（1,29,25），計装機器（30），計測機器（29），計測器（26）
7	バルブ：バルブについて（1），配管ガスケットおよびバルブ（30,28），バルブの操作（28），バルブの断面図とバルブの名称（25）
8	ポンプの運転（1,29,27,26）
9	安全計装（1,28,25）
10	圧縮機：圧縮機の操作（1），調節・調整（30,25），運転（28,27,26）
11	危険箇所区分（29），防爆構造（27）
12	漏えい：ガス漏えい検知警報設備（1,28,27,26,25），ガス検知素子（29），漏えい防止（28），漏えいした場合の措置（27）
13	安全装置（1,30,29,28,27,26,25）
14	静電気（28,26,25）
15	緊急遮断弁と逆止弁（30,29,28,27,25）
16	防災・防消火：温度上昇防止対策（1），防災設備（30），防災活動（30），防消火設備（30,29,26），防消火活動（25），防火壁および障壁（25）
17	流動拡散防止設備（1,28），流動拡散防止装置（27,26）
18	フレアースタックおよびベントスタック（30,28,25），ベントスタック（29,27）
19	用役：用役設備（1,29,27,26），計装用空気（30），用役（25），用役の供給異常時の製造設備の措置（25）
20	誤操作防止（1,26,25），誤操作防止対策（30,29,28）
21	緊急措置（1,29,28,27,26）
22	運転管理：運転管理（1,27），運転開始方法（30），塔槽内作業前の確認事項（29）
23	試験・検査：気密試験および耐圧試験（1,28,26），高圧ガス製造設備の維持管理のための検査（29）
24	保全：保全方式（1,30,29,27），保全計画（28,26,25）
25	工事安全管理（1,28,27），工事管理（30,26,25）
26	カセイソーダ水溶液で除害できるもの（30,26）
27	高温高圧の配管フランジの締め付けについて（30）
28	異常現象とその対応（29）
29	プロセスの制御方式（27）
30	高圧装置（25）

丙種化学〈保安〉問題分析一覧

問	令和1年	平成30年
1	金属材料の用途	金属材料の説明
2	防食法と代表例	金属材料の腐食と防食
3	溶接	非破壊試験
4	塔槽，貯層および熱交換器	塔槽，貯層および熱交換器
5	バルブ	配管，ガスケットおよびバルブ
6	安全計装	計装機器の選定
7	圧縮機の操作	遠心圧縮機の調節
8	ポンプの運転	配管フランジ締め付け
9	動的機器の軸封装置	安全装置
10	安全装置（破裂板）	緊急遮断弁と逆止弁
11	温度上昇防止対策	防消火設備
12	ガス漏えい検知警報設備	防災設備
13	流動，流出および拡散を防止する設備	フレアースタックおよびベントスタック
14	用役設備	カセイソーダ水溶液で除害できるもの
15	運転管理	計装用空気
16	誤操作の防止	運転開始方法
17	緊急措置（大規模地震発生時の対応）	誤操作防止対策
18	保全方式	防災活動
19	耐圧試験および気密試験	保全方式
20	工事安全管理	工事管理

丙種化学〈保安〉問題分析一覧

問	平成 29 年	平成 28 年	平成 27 年	平成 26 年	平成 25 年
1	金属材料の選定	金属材料の用途	金属材料の選定	金属材料の選定	金属材料の選定
2	電気防食法	金属の防食	金属の防食	金属の腐食と防食	金属の腐食防止対策
3	溶接	非破壊試験	溶接欠陥	溶接	溶接
4	非破壊試験	塔槽，貯層および熱交換器	非破壊試験	非破壊試験	高圧装置
5	計測機器の選定	配管，ガスケットおよびバルブ	塔槽，貯層および熱交換器	塔槽，貯層および熱交換器	バルブの断面積とバルブの名称
6	ポンプの運転	安全計装	プロセスの制御方式	計測器の選定	安全計装
7	遠心圧縮機の軸封装置	圧縮機の運転	圧縮機の運転	圧縮機の運転	往復圧縮機の容量調整方法
8	危険箇所区分	漏えい防止	ポンプの運転管理	ポンプの運転	静電気による可燃性ガスの着火防止
9	安全装置（保安装置）	静電気の発生	電気機器の防爆構造	静電気および静電気接地	動的機器の軸封装置の選定
10	緊急遮断弁と逆止弁	安全装置	安全装置	安全装置	安全装置
11	防消火設備	緊急遮断弁と逆止弁	緊急遮断弁と逆止弁	防消火設備	緊急遮断弁と逆止弁
12	ガス検知素子	ガス漏えい検知警報設備	ガス漏えい検知警報設備	ガス漏えい検知警報設備	防消火活動
13	ベントスタック	流動拡散防止設備	流動拡散防止装置	流動拡散防止装置	ガス漏えい検知警報設備
14	用役設備	フレアースタックおよびベントスタック	ベントスタック	カセイソーダ水溶液で除害できるもの	防火壁および障壁
15	異常現象とその対応	バルブの操作	漏えいした場合の措置	用役設備	フレアースタックおよびベントスタック
16	誤操作防止対策	誤操作防止対策	用役設備	誤操作の防止	用役について
17	緊急措置	緊急措置	運転管理	緊急措置	用役の供給異常時の製造設備の措置
18	保全方式	保全計画	緊急措置	保全計画	誤操作の防止
19	高圧ガス製造設備の検査	気密試験および耐圧試験	保全方式	気密試験および耐圧試験	保全計画
20	塔槽内の確認事項	工事安全管理	工事安全管理	工事管理	工事管理

2-1 金属材料・非金属材料

金属材料

問1 次のイ，ロ，ハの記述のうち，金属材料の用途について正しいものはどれか。 令和1

○イ．銅は，熱の良伝導体であり，加工性がよく，熱交換器用管材などに用いられる。

×ロ．クロムモリブデン鋼は，~~低温での脆化現象がなく，極低温機器材料~~ 高温での強度が高く高温用圧力容器材料として用いられる。

○ハ．鋳鋼は，バルブやポンプなどの構造用製品に用いられる。

(1) イ　(2) ロ　(3) ハ　(4) イ，ロ　(5) イ，ハ

問1 次のイ，ロ，ハ，ニの記述のうち，－161℃の液化天然ガスを取り扱う設備の材料の選定として正しいものはどれか。 平成29

○イ．18－8ステンレス鋼

○ロ．アルミニウム合金

×ハ．3.5％ニッケル鋼の最低使用温度は－110℃であり，液化天然ガスには使用できない。

×ニ．炭素鋼は－161℃では低温脆性を示すため，液化天然ガスには使用できない。

(1) イ，ロ　(2) イ，ニ　(3) ロ，ハ　(4) ハ，ニ
(5) イ，ロ，ハ

問1 次のイ，ロ，ハの記述のうち，金属材料の用途について正しいものはどれか。 平成28

○イ．アルミニウム合金は，低温での脆化現象はなく，極低温機器材料として適している。

○ロ．クロムモリブデン鋼は，高温での強度が高く，高温用圧力容器材料として適している。

×ハ．18－8ステンレス鋼(SUS 304)は，耐食性に優れて~~おり~~いるが，60℃以上の海水の熱交換器材料として適して~~いる~~いない。（その不動態皮膜は塩化物イオンにより局部的に破壊されるため海水の熱交換器や配管機材には不適である。）

(1) イ　(2) ロ　(3) ハ　(4) イ，ロ　(5) ロ，ハ

平成27

問1　次のイ，ロ，ハの記述のうち，金属材料の選定について正しいものはどれか。

○イ．高温での強度が高く，加工性が良いクロムモリブデン鋼を高温用ボルトの材料として選定した。

×ロ．3.5％ニッケル鋼を液化天然ガス貯槽の材料として選定した。（最低使用温度－110℃　沸点－161℃）

×ハ．腐食を防止するため海水の配管の材料としてアルミニウムを選定~~した~~しない。（アルミニウムは海水に侵されるため海水の配管の材料には不適である。）

(1) イ　(2) ロ　(3) ハ　(4) イ，ロ　(5) ロ，ハ

平成26

問1　次のイ，ロ，ハ，ニの記述のうち，液化窒素を取り扱う設備の金属材料の選定について正しいものはどれか。

○イ．貯槽にアルミニウム合金を選定した。

×ロ．配管に3.5％~~ニッケル鋼~~を選定した。最低使用温度が－110℃のため

×ハ．熱交換器に~~クロムモリブデン鋼~~を選定した。高温材料

×ニ．バルブに~~鋳鉄~~を選定した。2.0％以上の炭素を含む。鋳鉄は中高温領域に高圧ガス設備には不適な材料

(1) イ　(2) ロ　(3) イ，ニ　(4) ロ，ハ　(5) ハ，ニ

平成25

問1　次のイ，ロ，ハ，ニの金属のうち，約－160℃の液化ガス設備の材料の選定として正しいものはどれか。

○イ．アルミニウム合金

×ロ．炭素鋼　低温脆性（低温時の衝撃値が低下するため）

○ハ．18－8ステンレス鋼

×ニ．ニッケルクロムモリブデン鋼はクロムモリブデン鋼にニッケルを添加し，熱処理性，高温靭性を改善したもので題意の温度領域には適用できない。

(1) イ，ロ　(2) イ，ハ　(3) ロ，ハ　(4) ロ，ニ

(5) ハ，ニ

非金属材料

問１ 次のイ，ロ，ハの記述のうち，非金属材料の説明について正しいものはどれか。 平成30

○イ．熱硬化性樹脂は熱によって硬化する性質を有する樹脂で，容器などの内面コーティングに使用される。

○ロ．FRPは樹脂をガラスやカーボンなどの繊維で強化した複合材料で，軽くて，強く，概して酸やアルカリに対しての耐食性にも優れている。

×ハ．装置材料に使用されるカーボンは不浸透黒鉛と呼ばれ，衝撃に強い（弱く）。（脆い）

(1) イ (2) ロ (3) ハ (4) イ，ロ (5) ロ，ハ

2-2 金属の腐食と防食

問２ 次の防食法イ，ロ，ハとその代表例a，b，cの組合せとして正しいものはどれか。 令和1

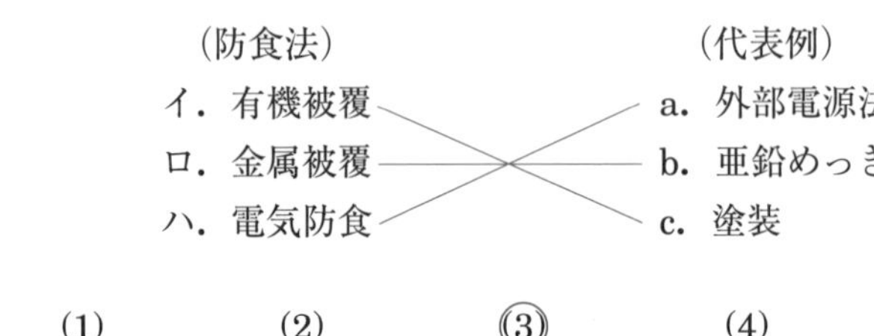

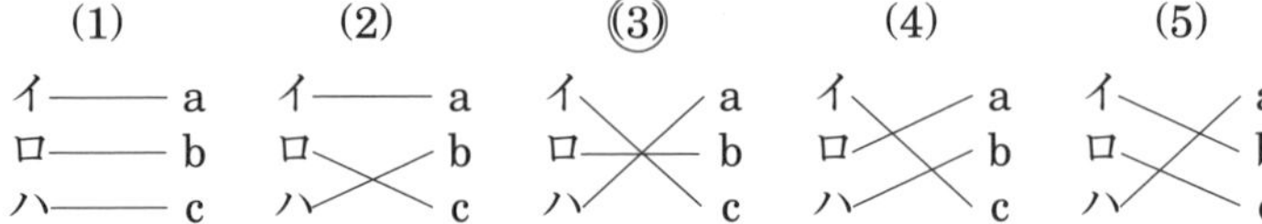

問２ 次のイ，ロ，ハの記述のうち，金属材料の腐食と防食について正しいものはどれか。 平成30

○イ．湿食環境下で亜鉛めっきを施した炭素鋼を用いた。

×ロ．炭素鋼の埋設配管を電気防食するため，犠牲陽極に銅を用いた。（亜鉛やマグネシウム）

○ハ．均一腐食で減肉しても構造的に問題がないように，腐食しろを加えた肉厚にした。

(1) イ　(2) ロ　(3) ハ　(4) イ，ロ　(5) イ，ハ

問２ 次のイ，ロ，ハの記述のうち，電気防食法について正しいものはどれか。 平成29

○イ．炭素鋼の流電陽極法における犠牲陽極として，亜鉛，マグネシウムなどが使用される。

○ロ．埋設配管の防食に外部電源法を用いる場合には，直流電源のマイナス極を被防食体に，プラス極を土壌中に設置した電極につなぐ。

×ハ．流電陽極法は，直流電源を用いて防食を行う方法である。（直流電源は用いない）

(1) イ　(2) ロ　(3) ハ　(4) イ，ロ　(5) ロ，ハ

問２ 次のイ，ロ，ハの記述のうち，金属の防食について正しいものはどれか。 平成28

○イ．電気防食法として用いられる外部電源法は，直流電源を用いて防食を行う方法である。

×ロ．炭素鋼の亜鉛めっきは，湿食に対する防食には効果が~~ない~~。（ある。）

×ハ．配管や容器の外面の保温施工は，内面の乾食に対する防食に適している。（↑乾食には関係しない）

(1) イ　(2) ロ　(3) ハ　(4) イ，ロ　(5) ロ，ハ

丙種化学(特別)　保安

問2 次のイ，ロ，ハの記述のうち，金属の防食について正しいものはどれか。 平成27

×イ．湿食環境下で炭素鋼配管の腐食を防止するため，ステンレス鋼配管と接触させた。

アノードとなり，炭素鋼がアノードとなり腐食が促進される

○ロ．高温ガスによる乾食を防止するため，使用環境を考慮して，クロマイズド鋼を使用した。

銅は炭素鋼（ステンレス鋼）に対しカソードとなるため炭素鋼の腐食を促進する。

×ハ．炭素鋼の埋設配管を電気防食するため，犠牲陽極に銅を使用した。

アノードとなるマグネシウムやアルミニウムを犠牲陽極に使用する。

(1) イ　(2) ロ　(3) ハ　(4) イ，ロ　(5) ロ，ハ

（正解：(2)）

問2 次のイ，ロ，ハ，ニの記述のうち，金属の腐食と防食について正しいものはどれか。 平成26

○イ．均一腐食で減肉しても構造的に問題がないように，腐食しろを加えた肉厚にした。

×ロ．電気防食の外部電源法において，直流電源の~~プラス~~（マイナス）極を被防食体に，~~マイナス~~（プラス）極を土壌中に設置した電極につないだ。

外部電源法の電気防食は，金属から環境に流出する直流電流に打ち勝つ直流の電流を人工的に金属へ流す必要があるため，被防食体に直流電源のマイナス極をつなぐ。

○ハ．湿食環境下で亜鉛めっきを施した炭素鋼を使用した。

×ニ．開放系冷却水機器の防食として，冷却水に塩化物イオンを添加した。

塩化物イオンはステンレス鋼やアルミニウムの不動態皮膜を局部的に破壊し腐食させる。

(1) イ　(2) ロ　(3) イ，ハ　(4) ロ，ニ　(5) ハ，ニ

（正解：(3)）

問2 次のイ，ロ，ハの記述のうち，金属の腐食防止対策について正しいものはどれか。 平成25

○イ．有機被覆を施す。

電気防食は金属から環境に流出する直流電流に打ち勝つ直流の電流を人工的に金属へ流す必要があるため，被防食体に直流電源のマイナス極をつなぐ。

×ロ．地中内の被防食鋼管に電気防食用直流電源の~~プラス~~（マイナス）極をつなぐ。

×ハ．炭素鋼の配管と炭素鋼のラックの間に犠牲極として~~ステンレス鋼~~の板を挟む。

アノードとなるマグネシウムやアルミニウムをつなぐ

(1) イ　(2) ロ　(3) ハ　(4) イ，ロ　(5) ロ，ハ

（正解：(1)）

2-3 溶　接

問3　次のイ，ロ，ハ，ニの記述のうち，溶接について正しいものはどれか。 令和 1

×イ．溶接部の強度を増加させるために，余盛をできるだけ大きくした。余盛は疲労割れのおそれがあるから余盛をきるだけ大きくすることは，強度の増加には望ましくない。

×ロ．溶接割れの発生を防止するため，炭素量の多い高強度の鋼材を使用した。溶接割れの発生を防止するためには，炭素量の少い鋼材を使用する。

○ハ．溶接部の残留応力を低減するため，焼なましを行った。

○ニ．溶接部の非破壊試験を，溶接直後ではなく一定時間経過した後に行った。

(1) イ，ハ　(2) ロ，ニ　(3) ハ，ニ　(4) イ，ロ，ハ
(5) イ，ロ，ニ

問3　次のイ，ロ，ハの記述のうち，溶接について正しいものはどれか。 平成 29

×イ．被覆アーク溶接棒は，被覆材が~~乾燥~~吸湿しないように，~~湿度が十分に保たれた~~乾燥した保管庫で保存する。

×ロ．溶接部の割れを検査する非破壊検査は，~~極力溶接直後に~~所定の時間経過後に実施することが望ましい。

○ハ．溶接部材は，溶接による急熱急冷によって収縮，変形が生じ，また，材料の他の部分によって拘束されるので，溶接後には残留応力が発生する。

(1) イ　(2) ロ　(3) ハ　(4) イ，ロ　(5) ロ，ハ

問3 次のイ，ロ，ハ，ニの溶接欠陥について，外観検査で検出できる溶接表面に現れる欠陥はどれか。 平成27

×イ．融合不良 ←溶接境界面が互いに十分溶け合っていない状態の内部欠陥である。

×ロ．ビード下割れ ←ビードの下側に発生する内部割れである。

○ハ．クレータ割れ

○ニ．オーバラップ

(1) イ，ロ　(2) イ，ハ　(3) ロ，ニ　(4) ハ，ニ

(5) イ，ハ，ニ

問3 次のイ，ロ，ハの記述のうち，溶接について正しいものはどれか。 平成26

×イ．溶接部の割れを検査する試験は，極力溶接完了直後に行うことが望ましい。
溶接部の低温割れなどの発生時間を考慮し，所定の時間経過後に行う。

×ロ．溶接部の強度を増加させるために，余盛をできるだけ大きくすることが望ましい。
必要寸法以上の余盛は，余盛部と母材部の境界に発生する疲労割れの原因になる恐れがある。

○ハ．溶接作業管理では，溶接材料，開先部，予熱，溶接姿勢などの確認に加え，気温，湿度，風速などの気象条件についても確認が必要である。

(1) イ　(2) ロ　(3) ハ　(4) イ，ロ　(5) ロ，ハ

問3 次のイ，ロ，ハの記述のうち，溶接について正しいものはどれか。 平成25

×イ．被覆アーク溶接棒は，被覆材が~~乾燥して剥離しないよう湿度が十分に保たれた~~保管庫で保存する必要がある。
吸湿しないように十分配慮して保管する。

○ロ．ティグ（TIG）溶接では，溶融金属の酸化を防ぐことを目的に，空気が侵入しないよう溶接部をアルゴンなどのイナートガスでシールして溶接する。

○ハ．溶接部は，溶接による急熱急冷によって収縮，変形が生じる。主なものとして，横収縮，縦収縮，縦曲がり変形などが挙げられる

(1) イ　(2) ロ　(3) ハ　(4) イ，ロ　(5) ロ，ハ

2-4 非破壊試験

問3 次のイ，ロ，ハの記述のうち，非破壊試験ついて正しいものはどれか。 平成30

×イ．浸透探傷試験には蛍光浸透探傷試験と染色浸透探傷試験があり，蛍光浸透探傷試験は材料内部の欠陥の検出に適用~~される~~できない。

○ロ．過電流（過流）探傷試験は，熱交換器チューブ（導体）の割れなどの欠陥の検出に適している。

×ハ．放射線透過試験は，X線~~の反射時間を利用して材料の厚さ測定を行うものである~~やγ線を試験体に照射し，その透過量により欠陥の有無や形状を検出する方法である。

(1) イ　(2) ロ　(3) ハ　(4) イ，ロ　(5) イ，ハ

問4 次のイ，ロ，ハの記述のうち，非破壊試験について正しいものはどれか。 平成29

○イ．磁粉探傷試験はオーステナイト系ステンレス鋼には適用できない。

×ロ．蛍光浸透探傷試験は，表面欠陥だけ~~でなく~~にしか適用できないので，表面近傍の内部欠陥の検出~~に適している~~はできない。

○ハ．アコースティック・エミッション試験は，進行中の欠陥を検出する方法である。

(1) イ　(2) ロ　(3) ハ　(4) イ，ハ　(5) ロ，ハ

問3 次のイ，ロ，ハ，ニの非破壊試験のうち，圧力容器の開放検査において，金属材料内部の深い位置にある球状欠陥を検出する試験法として正しいものはどれか。 平成28

×イ．アコースティック・エミッション試験 ←材料中の進行中の欠陥を検出するもので，既に形成された欠陥の検出はできない。

○ロ．超音波探傷試験

×ハ．磁粉探傷試験 ←表面に開口するかまたは表面近くの欠陥の検出は可能であるが，材料内部の深い位置にある欠陥の検出は困難である。

○ニ．放射線透過試験

(1) イ，ロ　(2) イ，ハ　(3) ロ，ニ　(4) イ，ハ，ニ　(5) ロ，ハ，ニ

問4 次のイ，ロ，ハの記述のうち，非破壊試験について正しいものはどれか。 平成27

○イ．超音波探傷試験は，被検査物に超音波を入射したときに，欠陥によって超音波の一部が反射する性質を利用した試験法である。

×ロ．過流探傷試験は，材料が外力を受けて変形し，または破壊するときのエネルギー解放による音波を検出する試験法である。
時間的に変化する磁場を試験体(導体)に加えたとき試験体に発生する過電流が試験体中の欠陥により変化することを利用した試験法である。

×ハ．磁粉探傷試験は，被検査物表面に磁粉浸透液を浸透させて，亀裂などに残留した浸透液を現像操作により表面ににじみ出させる試験法である。
強磁性体の試験体を磁化させると表面または表面近くに欠陥があると磁力線の一部が表面に漏えいし，この部分に表面に塗布した磁粉が吸引，凝集することを利用した試験法である。

(1) イ　(2) ロ　(3) ハ　(4) イ，ロ　(5) ロ，ハ

問4 次のイ，ロ，ハ，ニの非破壊試験のうち，オーステナイト系ステンレス鋼製圧力容器の開放検査において外部表面欠陥を検出する試験法として正しいものはどれか。 平成26

×イ．放射線透過試験　←材料の内部にある欠陥（特に溶接部など）の検査に用いられる。

○ロ．染色浸透探傷試験

×ハ．磁粉探傷試験　←外部表面欠陥の検出には適しているが，非磁性材料であるオーステナイト系ステンレス鋼には適用できない。

×ニ．アコースティック・エミッション試験　←材料が外力を受けて変形または破壊するときに出る超音波をセンサで検出して材料中の欠陥を検出する試験である。

(1) ロ　(2) ハ　(3) ロ，ハ　(4) イ，ロ，ニ
(5) イ，ハ，ニ

2-5 貯槽，塔槽および熱交換器

問4 次のイ，ロ，ハ，ニの記述のうち，塔槽類，貯槽および熱交換器について正しいものはどれか。 令和 1

○イ．吸着塔は，液体または気体に含まれる特定成分を固体の吸着剤を用いて分離するのに使用される。

×ロ．~~固定~~流動床式反応器は，流動化した状態の触媒に気体を流して接触させ，反応を起こさせるのに使用される。

○ハ．二重殻式円筒形貯槽は，断熱のために内槽と外槽の間に断熱材（パーライト粒など）を充てんし，真空にしている。

×ニ．二重管式熱交換器は，2 流体間の熱エネルギー授受において，熱交換量の比較的~~大きい~~小さいプロセスに使用される。

(1) イ，ロ　(2) イ，ハ　(3) ハ，ニ　(4) イ，ロ，ニ
(5) ロ，ハ，ニ

問4 次のイ，ロ，ハ，ニの記述のうち，塔槽，貯槽および熱交換器について正しいものはどれか。 平成 30

○イ．撹拌機付き反応槽は，反応物を撹拌により均一に混ぜ合わせ，濃度および温度の均一化を図り，反応を進行させる。

×ロ．~~吸着塔~~吸収塔は蒸留塔と類似した構造で，特定成分に対し高い溶解度を持つ液を混合ガスと接触させて，特定成分を除去する目的に使われる。吸着塔は，液体や気体に含まれる特定部分を固体の吸着剤を用いて分離する塔である。

×ハ．球形貯槽には単殻式と二重殻式があり，二重殻式球形貯槽の外槽には~~オーステナイト系ステンレス鋼~~炭素鋼，内槽には~~炭素鋼~~オーステナイト系ステンレス鋼が使用される。

○ニ．多管円筒形熱交換器は，熱交換する 2 流体を多数の伝熱管内と胴側にそれぞれ流し，伝熱管を通じて熱交換を行う。

(1) イ，ロ　(2) イ，ハ　(3) イ，ニ　(4) ロ，ハ
(5) ハ，ニ

問4 次のイ，ロ，ハ，ニの記述のうち，貯槽，塔槽および熱交換器について正しいものはどれか。 平成28

○イ．横置円筒形貯槽は，構造が単純で製作も容易なので，比較的小容量のLPガス，液化アンモニア，液化塩素などの貯槽として広く使用される。

×ロ．二重殻式円筒形貯槽は，コールド・エバポレータ（CE）の貯槽として用いられ，内槽と外槽には~~炭素鋼~~が使用される。 低温脆性があるので炭素鋼は使用されない。

×ハ．~~蒸留塔~~吸収塔は，溶解度の差を利用して，混合ガスから特定成分を分離除去する目的で使用される。 cf. 蒸留塔は，多成分の原料から各成分の揮発性の違いを利用して蒸留留分を残留液から分離する装置である。

○ニ．二重管式熱交換器は，2流体間の熱エネルギー授受において，熱交換量の比較的小さいプロセスに使用される。

(1) イ (2) ロ (3) イ，ハ ④ イ，ニ (5) ハ，ニ

問5 次のイ，ロ，ハ，ニの記述のうち，塔槽，貯槽および熱交換器について正しいものはどれか。 平成27

○イ．反応器は，その容器内で化学反応を起こす容器の総称であるが，固定床式，流動床式のほかに，撹拌機付き反応器や配管状の管式反応器など多様なものがある。

×ロ．混合ガス中の特定の成分に対して高い溶解度を持つ液を混合ガスと接触させて，特定成分の回収・除去を行う塔を~~蒸留塔~~吸収塔という。 多成分系の原料の揮発性の違いを利用して蒸気留分を残留液から分離する塔である。

×ハ．貯槽は，構造上の特徴により，円筒形貯槽，球形貯槽，平底円筒形貯槽および低圧用ガスホルダに分類できるが，コールド・エバポレータ（CE）の貯槽には主に~~球形貯槽~~二重殻式円筒形貯槽が広くが用いられている。

○ニ．多管円筒形熱交換器は，管板に取り付けられた多数の伝熱管の内部を流れる流体と，外部を流れる胴側の流体間で，伝熱管を通じて熱交換を行うものである。

(1) イ，ハ ② イ，ニ (3) ロ，ハ (4) ロ，ニ
(5) ハ，ニ

問5 次のイ，ロ，ハ，ニの記述のうち，塔，貯槽および熱交換器について正しいものはどれか。 平成26

○イ．吸収塔は，混合ガスから特定の成分を除去する目的に使用されており，例えばその特定成分に対してだけ溶解度が高い液と混合ガスを接触させる。

○ロ．蒸留塔は，多成分系の原料から沸点の差（蒸気圧の差）を利用して，各成分に分離する目的に使用される。

×ハ．低温液化ガスを貯蔵するために使用される二重殻式の貯槽は，内槽と外槽のそれぞれに~~炭素鋼~~を使用し，内槽と外槽の間にパーライト粒を充てんして断熱しているものがほとんどである。

炭素鋼は低温脆性がある。 外槽に炭素鋼を使用し内槽には低温脆性が起こらない18-8ステンレス，アルミニウム(合金)やニッケル鋼などが用いられる。

×ニ．熱交換器には，多管円筒形，二重管式，プレート式などがあるが，二重管式は~~大きい~~小さい熱交換量が要求される場合に使用される。

多管円筒形，プレート式に比較して伝熱面積が小さいため小さい熱交換量が要求される場合に使用される。

(1) イ，ロ　(2) イ，ハ　(3) イ，ニ　(4) ロ，ニ　(5) ロ，ハ，ニ

2-6 選　定

軸封装置

問9 次のイ，ロ，ハの記述のうち，動的機器の軸封装置について正しいものはどれか。 令和1

×イ．遠心ポンプのグランドパッキンは，締め付けを大きく~~しても~~すると，発熱による軸の焼付きなどが発生~~せず~~して，漏れ~~を完全に防止できる~~が始まる装置である。

○ロ．遠心ポンプのメカニカルシールは，密封部にしゅう動面をもつ2つのリングを設け，端面密封方式で漏れを止める構造をもつシールであり，可燃性や毒性の流体を扱う場合に使用される。

○ハ．遠心圧縮機のラビリンスシールは，非接触式シールで，すき間部分を複雑な流路とし，漏れ量を減少させた装置である。

(1) イ　(2) ロ　(3) ハ　(4) イ，ロ　(5) ロ，ハ

問7 次のイ，ロ，ハの記述のうち，遠心圧縮機の軸封装置について正しいものはどれか。 平成29

×イ．ラビリンスシールは，非接触式シールであり，ラビリンス材として~~硬い~~（耐食性で）比較的やわらかい金属が用いられる。

○ロ．アンモニアガス用の軸封にオイルフィルムシールを用いた。

○ハ．ドライガスシールは，回転機械が近年大型化，高速化し，メカニカルシールの範囲を超えてきたため考案されたものである。

(1) イ (2) ロ (3) ハ (4) イ，ロ ⑸ ロ，ハ

問9 次のイ，ロ，ハ，ニの記述のうち，動的機器の軸封装置の選定について正しいものはどれか。 平成25

○イ．無給油式の往復圧縮機のピストンロッドパッキンの材質として，カーボンを選定した。

×ロ．毒性ガス用の遠心圧縮機の軸封装置として，~~ラビリンスシール~~を選定した。

↙オイルフィルムシールが適切である。

ラビリンスシールは，非接触式のシールで，すき間部分を複雑な流路として漏れ量を減少させるものであり，毒性ガス用の遠心圧縮機の軸封装置としては不適である。

○ハ．毒性液体用の遠心ポンプの軸封装置として，メカニカルシールを選定した。

○ニ．水用の遠心ポンプの軸封装置として，グランドパッキンを選定した。

(1) イ，ロ (2) ロ，ニ (3) ハ，ニ (4) イ，ロ，ハ
⑸ イ，ハ，ニ

計装機器

問6 次のイ，ロ，ハの記述のうち，計装機器の選定について正しいものはどれか。 平成30

○イ．小流量から大流量まで精度よく流量を測定するために，容積式流量計を使用した。

○ロ．高粘度流体の圧力測定に，隔膜式圧力計を使用した。

×ハ．1400℃の温度を測定するために，~~クロメル－アルメル熱電対~~を用いた温度計を使用した。

常用限度（650℃～1000℃）であり1400℃は限界を超えている。

白金－白金ロジウム熱電対の常用限度は1400℃である。

(1) イ (2) ロ (3) ハ ⑷ イ，ロ (5) ロ，ハ

計測機器

問5 次のイ，ロ，ハの記述のうち，計測機器の選定について正しいものはどれか。 平成29

○イ．往復圧縮機のガス圧力測定に，緩衝装置付きのブルドン管圧力計を用いた。

×ロ．~~高~~（低）粘度液体の流量測定に，タービン式流量計を用いた。

×ハ．~~1000℃~~の高温ガスの温度測定に，銅—コンスタンタン熱電対を使用した温度計を用いた。
↑200℃～300℃が限度で1000℃はできない。

(1) イ　(2) ロ　(3) ハ　(4) イ，ロ　(5) ロ，ハ

計測器

問6 次のイ，ロ，ハ，ニの記述のうち，計測器の選定について正しいものはどれか。 平成26

○イ．タービン式流量計を低粘度流体の流量測定をするために選定した。

○ロ．隔膜式ブルドン管圧力計を高粘度流体の圧力測定をするために選定した。

○ハ．金属管式マグネットゲージを高圧下での液面測定をするために選定した。

×ニ．銅—コンスタンタン熱電対温度計を~~700℃~~での温度測定をするために選定した。
↑200℃～300℃

(1) イ，ロ　(2) ロ，ニ　(3) ハ，ニ　(4) イ，ロ，ハ
(5) イ，ハ，ニ

2-7 バルブ

バルブについて

問5 次のイ，ロ，ハ，ニの記述のうち，バルブ（弁）について正しいものはどれか。 令和1

×イ．玉形弁（グローブ弁）は，仕切弁（ゲート弁）と比較して，全開時の圧力損失は~~小さい~~大きい。

×ロ．ストレートタイプの玉形弁（グローブ弁）は，アングルタイプの玉形弁（グローブ弁）と比較して，全開時の圧力損失は~~小さい~~大きい。

○ハ．ボール弁は，操作が簡単で，急速な遮断が必要な場合に適している。

○ニ．プラグ弁は，ボディとディスクの間に空洞部が少なく，高粘性流体に適している。

(1) イ，ハ　(2) ロ，ニ　(3) ハ，ニ（正解）　(4) イ，ロ，ハ　(5) イ，ロ，ニ

配管，ガスケットおよびバルブ

問5 次のイ，ロ，ハ，ニの記述のうち，配管，ガスケットおよびバルブについて正しいものはどれか。 平成30

×イ．圧力配管用炭素鋼鋼管（STPG）では，スケジュール番号が大きくなるに従い肉厚が増え，同じ呼び径の配管では~~その分だけ外径が増加する~~外径が変わらず肉厚が増加するため内径は小さくなる。

×ロ．リングジョイント形フランジには，~~シールの信頼性が高い渦巻形ガスケットまたはメタルジャケット形ガスケットを使用する~~オーバル形やオクタゴナル形の金属リングガスケットが使用される。

○ハ．玉形弁（グローブ弁）は，仕切弁（ゲート弁）に比べて全開時の圧力損失は大きく，また，一般に締切りに要する力も大きい。

×ニ．ボール弁は，急速な遮断操作が可能であるが，全開時の圧力損失は玉形弁（グローブ弁）より~~大きい~~小さい。

(1) イ　(2) ハ（正解）　(3) イ，ニ　(4) ロ，ニ　(5) イ，ロ，ハ

問5 次のイ，ロ，ハの記述のうち，バルブ，ガスケットおよび配管について正しいものはどれか。 平成28

×イ．高圧ガス配管用には，複雑な形状の鋳物が作りやすい，~~ねずみ鋳鉄製バルブ~~を使用する。
鋳鉄（ねずみ鋳鉄）は，一般に延性が小さく，衝撃に弱いなどの性質があり，可燃性や毒性のガスの耐圧部品への使用には制限がある。

○ロ．リングジョイント形フランジには，シールの信頼性が高い，オーバル形またはオクタゴナル形の金属リングガスケットを使用する。

×ハ．圧力配管用炭素鋼鋼管（STPG）では，スケジュール番号が大きくなるに従い肉厚が増加する。そのため同一呼び径の配管ではその分だけ~~外径が増加する~~。
外径は同一である。肉厚が大きくなると内径は小さくなる。

(1) イ　(2) ロ　(3) ハ　(4) イ，ハ　(5) ロ，ハ

バルブの操作

問15 次のイ，ロ，ハの記述のうち，バルブの操作について正しいものはどれか。 平成28

×イ．流体を流す配管に設置してあるバルブを開ける場合，できるだけ早く定常運転状態にするためにも，常に~~急速に開けるのがよい~~。
バルブは静かにゆっくり開ける。（急速に開けると圧力の急上昇など運転が不安定になることがあるため）

○ロ．バルブの直近に圧力計，温度計，液面計などの計器が設置されている場合には，その指示を見ながらバルブの開閉操作をするのがよい。

×ハ．運転停止操作をする際に，通常液が流れる配管では，配管の入口側と出口側に設置されている両方のバルブを閉めて，~~液封~~にするのがよい。
配管を液封にすると液の温度が上昇して圧力が異常に上昇し装置が破損するおそれがある。

(1) イ　(2) ロ　(3) ハ　(4) イ，ハ　(5) ロ，ハ

バルブの断面図とバルブの名称

問5 次の，バルブ（弁）の断面図 a，b，c と，バルブ（弁）の名称①，②，③との組合せとして正しいものはどれか。 平成 25

［バルブ（弁）の断面図］

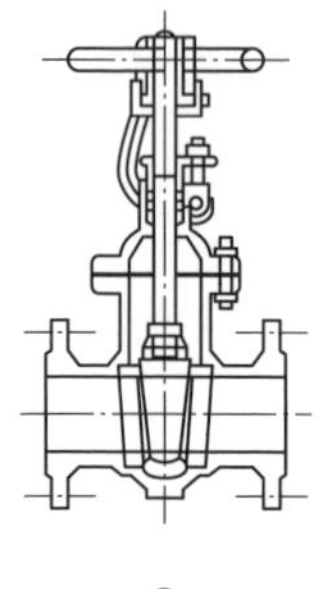

a

② 仕切弁

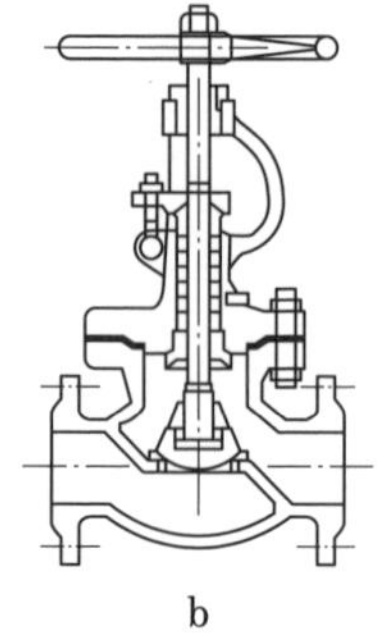

b

③ 玉形弁

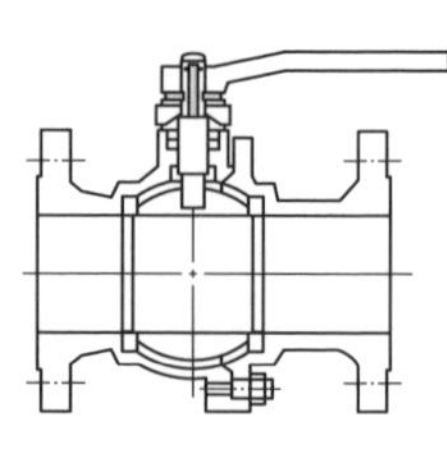

c

① ボール弁

［バルブ（弁）の名称］

① ボール弁

② 仕切弁（ゲート弁）

③ 玉形弁（グローブ弁）

	(1)	(2)	(3)	(4)	(5)
a	①	①	②	②	③
b	②	③	①	③	②
c	③	②	③	①	①

2-8 ポンプの運転

問8 次のイ，ロ，ハ，ニの記述のうち，ポンプの運転における水撃（ウォータハンマ）作用の防止について正しいものはどれか。

令和 1

イ．ポンプの吐出し配管内の流速が速くなるような管径を選定した。

ロ．ボンプの吐出し配管に設けた流量調整弁をボール弁とし，すばやく開閉操作を行うようにした。

ハ．ポンプの吐出し配管に，圧力上昇，圧力低下時の液柱分離が緩和するようにサージタンクを設けた。

ニ．ポンプのフライホイール効果を大きくし，原動機が急に停止しても回転数が徐々に低下するようにした。

(1) イ，ロ　(2) イ，ハ　(3) ロ，ハ　(4) ハ，ニ　(5) ロ，ハ，ニ

問6 次のイ，ロ，ハ，ニの記述のうち，ポンプの運転について正しいものはどれか。

平成 29

イ．キャビテーションの発生を防止するために，吐出し配管にサージタンクを設け圧力上昇，圧力低下時の液柱分離を緩和させた。

ロ．遠心ポンプのキャビテーションの発生を防止するために，吸込み液面を下げた。

ハ．遠心ポンプを停止するときに，吐出し弁を徐々に閉じ，原動機を停止してから吸込み弁を閉じた。

ニ．往復ポンプを停止するときに，吐出し弁，吸込み弁を閉止してから原動機を止めた。

(1) ロ　(2) ハ　(3) ニ　(4) イ，ニ　(5) ロ，ハ

問8 次のイ，ロ，ハ，ニの記述のうち ポンプの運転管理 について正しいものはどれか。 平成27

×イ．キャビテーションの発生を防止するために，遠心ポンプの回転数を~~上げて~~下げて運転を行った。

×ロ．キャビテーションの発生を防止するために，遠心ポンプの吸込み側の液面を~~下げた~~上げた。。

○ハ．遠心ポンプの起動直後に，圧力計を確認しながら吐出し弁を徐々に開けた。

×ニ．往復ポンプを停止する際に，~~吐出し弁を閉止してから原動機を止めた~~原動機を止めてから吐出し弁、吸込み弁の順に閉止する。。

(1) イ　(2) ロ　(3) ハ　(4) ニ　(5) ハ，ニ

問8 次のイ，ロ，ハ，ニの記述のうち，ポンプの運転 について正しいものはどれか。 平成26

○イ．ポンプ運転中，ウォータハンマが発生しないように吐出し側の容量調整弁の開閉操作をゆっくり行った。

×ロ．ポンプの起動直後は，異音の発生，異常な振動，漏えいの発生が少ないと考え，起動直後の点検確認を~~省略~~した。
↑こと，圧力が安定していること，電動機の電流が規定値で安定していることなどを確認する。

○ハ．ポンプ運転中は，原動機とポンプの温度上昇に注意を払った。

×ニ．キャビテーションの発生を防止する目的で，ポンプの回転数を~~上げた~~下げる。。

(1) イ，ロ　(2) イ，ハ　(3) ロ，ハ　(4) ロ，ニ
(5) ハ，ニ

2-9 安全計装

問6 次のイ，ロ，ハの記述のうち，安全計装について正しいものはどれか。 令和1

○イ．人為的に不適切な操作および過失を犯さないよう機器に対して配慮することと，仮に操作ミスを犯しても機器の安全性を保持することをフール・プルーフという。

○ロ．機器や設備に異常または故障が生じたときでも，装置が安全な状態になるよう設計上配慮することをフェール・セーフという。

×ハ．機器が故障した場合，その機器に代わる機器を待機側から運転側に切り替える方式を~~並列~~待機冗長という。

(1) イ　(2) ロ　(3) ハ　(4) イ，ロ　(5) ロ，ハ

問6 次のイ，ロ，ハ，ニの記述のうち，安全計装の説明について正しいものはどれか。 平成28

×イ．圧縮機を起動する際，人が起動条件をチェックシートに従いチェックし圧縮機を起動する方法を~~インターロックシステム~~という。
安全を確保するため，例えば必要な起動条件があらかじめ確保されないと圧縮機などの機器がスタートしないようにしたりするものである。

○ロ．機器，設備に異常および故障が生じたときでも，装置が安全な状態になるよう設計上配慮することをフェール・セーフという。

○ハ．機器が故障した場合，その機器に代わる機器を待機側から運転側に切り替えるシステムを待機冗長システムという。

○ニ．機器が故障した場合，警報ランプを点灯させたりして，オペレータに注意を喚起させるシステムを警報システムという。

(1) イ，ロ　(2) ロ，ハ　(3) ハ，ニ　(4) イ，ロ，ハ　(5) ロ，ハ，ニ

問6 次のイ，ロ，ハ，ニの記述のうち，安全計装について正しいものはどれか。 平成25

×イ．装置を安全に緊急停止するスイッチを鍵付きスイッチとし，~~その鍵を金庫で保管した~~。その鍵は緊急時迅速に取り出せるようにしないといけない。

○ロ．重要度，危険度が高いプロセスで使用する計器を冗長化した。

○ハ．プロセスの異常判断の信頼性を上げるために，単一計器による判断に代えて2 out of 3 システムを採用した。

×ニ．警報機の信号線の断線も異常と検出できるように，プロセスが正常のときに回路を常時~~開放~~（閉じておき）させ，異常を検出したときに回路を~~閉じる~~（開放になる）ように設計した。

(1) イ，ロ　(2) イ，ハ　(3) ロ，ハ（正解）　(4) ロ，ニ　(5) ハ，ニ

2-10 圧 縮 機

圧縮機の吐出し量を下げる操作

問7 次のイ，ロ，ハの記述のうち，ガス圧縮機の吐出し量を下げる操作のうち，正しいものはどれか。 令和1

○イ．遠心圧縮機の吸込み弁を絞った。

×ロ．遠心圧縮機の吐出し弁を開き，吐出し圧力を下げた。⇒吐出し量が上がる。

○ハ．往復圧縮機の吸込み弁をアンロードにした。

(1) イ　(2) ロ　(3) ハ　(4) イ，ハ（正解）　(5) ロ，ハ

圧縮機の調節・調整

問7 次のイ，ロ，ハの記述のうち，遠心圧縮機の容量などの調節について正しいものはどれか。 平成30

×イ．吐出し絞りによる方法では，吐出し管に設けた絞り弁の開度を調節することによって吐出し圧力を調節でき，その弁を絞ると弁より手前の圧力が上がり，弁より後の風量が~~増える~~減少する。

○ロ．吸込み絞りによる方法では，吸込み管に設けた絞り弁の開度を調節することによって吸込み圧力を調整でき，その弁を絞ると弁より後の圧力が低下し，圧縮機の吐出し圧力も低下する。

○ハ．回転速度制御による方法では，タービンや可変速電動機で駆動される圧縮機において，羽根車の回転速度を変えることにより風量，圧力を変化させることができる。

(1) イ　(2) ロ　(3) ハ　(4) イ，ハ　(5) ロ，ハ

問7 次のイ，ロ，ハ，ニの記述のうち，往復圧縮機の容量調整方法について正しいものはどれか。 平成25

○イ．速度制御方式では，駆動機の回転数を変えて容量を調整する。

×ロ．クリアランス弁方式では，シリンダに設けたクリアランスボック~~スから吸込み側にガスを戻して吐出し量を減少させる~~の開閉によりすきま容積を変化させて吐出し量を変化させるものである。

×ハ．吸込み弁アンローダ方式では，~~吸込み側に設けた案内羽根の角度を変えて吸込み圧力を低下させることで吐出し量を減少させる~~弁板を押さえつけて開度調整をして，いったん吸い込んだ気体を吸込み側に逆流させることで吐出し量を減少させる。

○ニ．バイパス方式では，ガスのリサイクルにより吸込み温度を過度に上昇させない対策が必要である。

(1) イ，ロ　(2) イ，ハ　(3) イ，ニ　(4) ロ，ハ
(5) ロ，ニ

圧縮機の運転

問7 次のイ，ロ，ハの記述のうち，遠心圧縮機の低負荷時における［サージングの発生を防止するための運転］について正しいものはどれか。 平成28

×イ．吐出し弁を絞り，送気量を減らした。 吐出し抵抗を大きくしてサージング限界以下に風量を下げるとサージングが発生する。

○ロ．吐出し側から吸込み側に戻すバイパス配管を使って，多量のガスを冷却しながら吸込み側に戻した。

○ハ．吐出しガスの一部を大気放出し，圧縮機の必要流量を確保して運転した。

(1) イ　(2) ロ　(3) イ，ロ　(4) イ，ハ　(5) ロ，ハ

問7 次のイ，ロ，ハ，ニの記述のうち，［圧縮機の運転］について正しいものはどれか。 平成27

○イ．遠心圧縮機の小風量時に，風量を回転数変更により調整することは，サージング防止に有効である。

×ロ．遠心圧縮機では，吐出し量が設計風量を超え~~るとサージングが発生する~~。 てもサージングが発生しない。 サージング限界以下に風量を下げるとサージングが発生する。

×ハ．往復圧縮機の風量は，吸込み口に取り付けた案内羽根の開度で調整することができる。 ベーンコントロールといい遠心圧縮機に適用する。

○ニ．往復圧縮機では，吸込みガスをピストンの往復運動により圧縮して吐き出すので，遠心圧縮機に比べて圧力比を大きくすることができる。

(1) イ，ロ　(2) イ，ニ　(3) ロ，ハ　(4) ハ，ニ
(5) イ，ハ，ニ

問7 次のイ，ロ，ハ，ニの記述のうち，窒素ガス用遠心圧縮機の運転について正しいものはどれか。 平成26

○イ．遠心圧縮機を低負荷で運転するとき，サージングを防止するために回転数を下げた。

○ロ．遠心圧縮機は，サージング領域を避けて運転しなければならないので，吐出しガスの一部を大気放出し，圧縮機の必要風量を確保して運転した。

×ハ．遠心圧縮機の吐出しガス量を下げるために，吐出し弁を~~開け吐出し圧力を下げた~~。
絞るか，吸込み弁を絞る。

×ニ．遠心圧縮機の処理ガス量をサージング限界以上に確保するために吸込み側へ戻すバイパス配管を設けて，多量のバイパスガスを~~冷却せず~~に連続的に運転を行った。
連続運転するには，吸込み温度の上昇を避けるため，バイパス管路に冷却器を設ける。

(1) イ，ロ　(2) ロ，ハ　(3) ハ，ニ　(4) イ，ロ，ニ

(5) イ，ハ，ニ

2-11 危険箇所区分，防爆構造

危険箇所区分

問8 次のイ，ロ，ハ，ニの記述のうち，高圧ガス製造設備における電気設備を設置する箇所の危険箇所区分について正しいものはどれか。 平成29

○イ．電気設備を設置する場合には，設置箇所が危険箇所として区分されており，この区分により電気機器の防爆構造が決められている。

×ロ．通常の状態において，爆発性雰囲気が連続し長時間にわたる場所は，~~第一類危険箇所~~（特別危険箇所）である。

○ハ．通常の状態において，爆発性雰囲気を生成するおそれが少なく，また，生成した場合でも短時間しか持続しない場所は，第二類危険箇所である。

○ニ．第二類危険箇所になりやすい場所としては，ガスケットの劣化などのために可燃性ガス蒸気を漏出するおそれのある場所がある。

(1) イ，ロ　(2) イ，ロ，ニ　(3) イ，ハ，ニ　(4) ロ，ハ，ニ　(5) イ，ロ，ハ，ニ

防爆構造

問9 次のイ，ロ，ハ，ニの記述のうち，電気機器の防爆構造などについて正しいものはどれか。 平成27

○イ．電気機器を設置する場所の危険箇所区分において，特別危険箇所とは，通常の状態で，爆発性雰囲気が連続的に，長時間または頻繁に存在する区域をいう。

×ロ．電気機器の~~耐圧防爆~~（内圧防爆）構造とは，内部を加圧状態にし，爆発性ガスの侵入を防ぐ構造である。

○ハ．電気機器の安全増防爆構造とは，爆発性ガスに対して点火源となる電気火花，アークおよび高温部を持たない構造である。

×ニ．誤操作をしない限り可燃性ガス蒸気が放出するおそれのない可燃性ガス蒸気取扱い区域では，~~非防爆構造の電気機器を設置できる~~。（第２類危険箇所であり，それに応じた防爆構造の電気機器を設置する。）

(1) イ，ロ　(2) イ，ハ　(3) ロ，ニ　(4) ハ，ニ
(5) イ，ハ，ニ

2-12 漏えい

ガス漏えい検知警報設備

問12 次のイ，ロ，ハ，ニの記述のうち，ガス漏えい検知警報設備について正しいものはどれか。 令和1

×イ．接触燃焼式の検知部は，~~窒素~~の検知に用いられる。（↓燃焼しない窒素の検知に使用できない。）

×ロ．半導体式の検知素子は，金属酸化物の半導体の電気抵抗値の変化を利用しており，~~不活性ガスも含めたほとんどの~~（可燃性）ガスの検知に使用されている。

○ハ．ガルバニ電池式の検知素子は，電池の出力が溶存酸素濃度に依存することを利用して酸素ガスの検知にしばしば使用されている。

○ニ．指示・警報部の設置位置は，関係者が常駐する場所であって，警報があったのち，各種の対策を講ずるのに適切な場所とする。

(1) イ，ロ　(2) イ，ニ　(3) ロ，ハ　(4) ハ，ニ
(5) ロ，ハ，ニ

問12 次のイ，ロ，ハ，ニの記述のうち，ガス漏えい検知警報設備について正しいものはどれか。 平成28

○イ．半導体式（セラミック式）の検知素子は，金属酸化物半導体の電気抵抗値の変化を利用したものであり，可燃性ガスや毒性ガスの検知に用いられる。

○ロ．接触燃焼式の検知素子は，可燃性ガスが検知素子に接触し，その表面で接触燃焼反応が起こり，その燃焼熱により温度が上昇し，検知素子の電気抵抗値が増大することを用いて，可燃性ガスを検知する。

ガルバニ電気式は電解溶液中に陽極と陰極を入れ電池を形成し，その電池の出力が陰極付近の溶存酸素濃度に比例することを利用したもので，酸素の濃度測定に用いられる。

×ハ．ガルバニ電気式の検知素子は，電解溶液中の溶存ガス濃度により電池出力が変化することを用いて，~~可燃性ガス~~酸素濃度の測定に用いられる。

○ニ．保安のために設置される検知警報設備には，連続的に検知できること，遠隔に伝送でき警報が発せられることなどが求められる。

(1) イ，ロ (2) イ，ニ (3) ハ，ニ (4) イ，ロ，ハ (5) イ，ロ，ニ

問12 次のイ，ロ，ハ，ニの記述のうち，ガス漏えい検知警報設備について正しいものはどれか。 平成27

○イ．半導体式（セラミック式）の検知部は，可燃性ガスの検知に用いられる。

×ロ．ガルバニ電気式の検知部は，~~水素~~酸素濃度の測定に用いられる。

×ハ．接触燃焼式の検知部は，二酸化炭素の検知に用いられ~~る~~ない。

可燃性ガスの検出に用いられる。

×ニ．検知警報設備は，設備の~~スタート・ストップ~~時など，必要なときに作動すれば連続的に検知できなくてもかまわない。

連続的に検知できることが具備すべき要件の１つある。

(1) イ (2) ロ (3) イ，ハ (4) ロ，ニ (5) ハ，ニ

問12 次のイ，ロ，ハの記述のうち，ガス漏えい検知警報設備について正しいものはどれか。 平成26

×イ．ガルバニ電気式のガス検知素子は，不活性ガスも含めたほとんどのガスを検知可能である。
↑酸素の測定によく使用されているが，不活性ガスには適用できない。

×ロ．~~接触燃焼式~~（半導体式）のガス検知素子は，金属酸化物の半導体に可燃性ガスが触れると半導体の電気抵抗値が変化することを利用して可燃性ガスの検知を行う。
接触燃焼式のガス検知素子は，可燃性ガスが検知素子に接触すると接触燃焼反応が起って温度が上昇し，白金線コイルの電気抵抗が増大することを利用している。

○ハ，ガス漏えい検知警報設備は，連続的に検知し，かつ，異常時は警報を発することが必要である。

(1) イ　(2) ロ　(3) ハ　(4) イ，ロ　(5) イ，ハ

問13 次のイ，ロ，ハ，ニの記述のうち，ガス漏えい検知警報設備について正しいものはどれか。 平成25

×イ．接触燃焼式の検知部は，~~窒素~~（可燃性ガス）の検知に用いられる。

○ロ．半導体式（セラミック式）の検知部は，可燃性ガスの検知に用いられる。

○ハ．ガルバニ電池式の検知部は，酸素濃度の測定に用いられる。

○ニ．指示・警報部の設置位置は，関係者が常駐する場所であって，警報があったのち，各種の対策を講ずるのに適切な場所とする。

(1) イ，ロ　(2) イ，ハ　(3) ロ，ニ　(4) イ，ハ，ニ　(5) ロ，ハ，ニ

ガス検知素子

問12 次のイ，ロ，ハ，ニのうち，検知するガスと使用できるガス検知素子の組合せについて正しいものはどれか。 平成29

○イ．水素 ――接触燃焼式

×ロ．アルゴン――~~半導体式~~ ←（セラミック式）は加熱された金属酸化物に可燃性ガスが触れると金属酸化物の電気抵抗値が変化して測定するものでアルゴンの検知には用いられていない。

○ハ．プロパン――半導体式

×ニ．~~メタン~~（酸素） ――ガルバニ電気式

(1) イ，ロ　(2) イ，ハ　(3) ロ，ニ　(4) ハ，ニ　(5) イ，ハ，ニ

漏えい防止

問8 次のイ，ロ，ハの記述のうち，漏えい防止について正しいものはどれか。 平成28

○イ．高温，高圧の流体が流れる配管に設置されたフランジボルトにスタッドボルトを用いた。

×ロ．フランジボルトの締付けにおいて，時計回りに1本ずつ1回で所定のトルクまでトルクレンチで締め付けた。片締めを起すおそれがある。上下，左右対称に締め付ける相対締付け法が有効。

×ハ．金属リングガスケットは，シール性能に優れているので，高温配管に使用するときは高温増し締めを行う~~必要はない~~。変形後の復元力が小さいので，高温配管に使用するときは高温増し締めを行う。

(1) イ　(2) ロ　(3) ハ　(4) イ，ロ　(5) イ，ハ

漏えいした場合の措置

問15 次のイ，ロ，ハの記述のうち，毒性ガスが漏えいした場合の措置について正しいものはどれか。 平成27

○イ．漏えいした液化アンモニアを拡散防止するため，液化アンモニアを大量の水で希釈しガスの蒸気圧を低下させた。

○ロ．漏えいした塩素ガスを除害するため，塩素ガスを吸引してカセイソーダ水溶液と接触させた。

×ハ．漏えいした液化亜硫酸ガスを拡散防止するため，液化亜硫酸ガスを雨水用排水路に~~流した~~。流すのは拡散防止にならない。また流すと排水が酸性になるため適切ではない。

(1) イ　(2) ロ　(3) ハ　(4) イ，ロ　(5) ロ，ハ

2-13 安全装置

問 10　次のイ，ロ，ハ，ニの記述のうち，破裂板（ラプチャディスク）について正しいものはどれか。　令和 1

○イ．設備内の圧力が過剰な正圧または負圧になったときに作動する。

○ロ．一度作動すると装置内部の圧力が破裂板の開放先（接続先）の圧力と同一になるまでガスが流れ続ける。

×ハ．定期点検時に，設定圧力で作動することを確認するテストを行うことが必要で~~ある~~。　はない（動作テスト毎に破裂板を取り換える必要がある）。

○ニ．ばね式安全弁と比較して，高粘性，固着性，腐食性の流体に適している。

(1) イ，ロ　(2) イ，ハ　(3) ハ，ニ　(4) イ，ロ，ニ（○）

(5) ロ，ハ，ニ

問 9　次のイ，ロ，ハ，ニの記述のうち，安全装置について正しいものはどれか。　平成 30

×イ．運転中の設備のばね式安全弁が作動した場合は，~~必ず運転を停止して，調整ボルトで設定圧力を高めに調整する必要がある~~。　いったん設定した調整ボルトはみだりに調整してはいけない。

×ロ．多段式往復圧縮機のもっとも~~圧力が高くなる最終段に~~安全弁を取り付けることで，各段の安全を確保することができる。　各段ごとに安全弁を設置する

○ハ．破裂板（ラプチャディスク）は，過剰な正圧または負圧になったとき設備の破損を防止するための安全装置であり，ばね式安全弁にくらべて簡単な構造のため，吹出し抵抗が少なく高粘性流体に適している。

○ニ．逃し弁は一般にポンプや流体配管などに設置され，主として内部の液体の圧力上昇を防止するために用いられる。

(1) イ，ロ　(2) イ，ハ　(3) ロ，ハ　(4) ロ，ニ

(5) ハ，ニ（○）

問9 次のイ，ロ，ハ，ニの記述のうち，保安装置について正しいものはどれか。 平成29

×イ．~~破裂板（ラプチャディスク）~~ ばね式安全弁 は，装置の圧力が過剰になったときに作動して内部の流体を放出し，装置内の圧力が下がれば自動的に復元して放出が止まる。

×ロ．ばね式安全弁が頻繁に作動する場合には，現場で~~調整ボルトによりばねの力を変えて設定圧力を上げる~~ いったん調整された調整ボルトには，みだりに手を触れてはならない。

○ハ．大気圧付近で取り扱われる可燃性液化ガスの低温貯槽に，圧力計，圧力警報設備および真空安全弁を設置した。

○ニ．安全装置の吹出し量は，その設備が受ける最も過酷な状況を想定して決定した。

(1) イ，ロ　(2) イ，ハ　(3) ロ，ハ　(4) ロ，ニ　(5) ハ，ニ（○）

問10 次のイ，ロ，ハ，ニの記述のうち，安全装置について正しいものはどれか。 平成28

○イ．多段式往復圧縮機の安全装置として，圧力の異なる各段に，それぞれ適切な圧力で作動する安全弁を取り付けた。

×ロ．破裂板（ラプチャディスク）は構造が簡単で，作動しても装置内の圧力が下がれば~~自動的に復元して~~，流体の放出が止まる。 一度作動すると装置内の圧力が大気圧になるまで放出は止まらず，また運転を停止して破裂板の取替が必要である。

○ハ．バネ式安全弁の入口配管は，異物により安全弁の作動を妨げないよう，取り付ける配管の上側から取り出した。

×ニ．大気圧付近で取り扱われる低温の可燃性液化ガス貯槽に，圧力上昇による破壊を防止するため，真空安全弁を取り付けた。

← 安全弁の作動時に空気が貯槽内に入り，爆発雰囲気を形成するおそれがあるため，可燃性ガスには不適である。

(1) イ，ロ　(2) イ，ハ（○）　(3) ロ，ハ　(4) ロ，ニ　(5) ハ，ニ

問10 次のイ，ロ，ハの記述のうち，安全装置について正しいものはどれか。 平成27

○イ．破裂板（ラプチャディスク）は，設備内の圧力が過剰な正圧または負圧になったとき，設備の破損を防止するための安全装置である。

×ロ．バネ式安全弁は，一度作動すると装置内の圧力が~~大気圧になるまで~~（下がれば）ガス~~が~~（の）放出~~され続ける~~（が止まる）ので，作動した場合には必ず運転を停止し，バネ式安全弁の~~調整ボルトにより設定圧力を上げる~~ことが必要である。
↑理由なく設定を変えてはいけない。

○ハ．溶栓式安全弁は，容器が火災その他の熱を受けて規定温度以上になると，可溶合金が溶融して内部の流体を外部に放出し，容器の破壊を防止するものである。

(1) イ　(2) ハ　(3) イ，ロ　(4) イ，ハ　(5) ロ，ハ

問10 次のイ，ロ，ハ，ニの記述のうち，安全装置について正しいものはどれか。 平成26

○イ．バネ式安全弁は，キャップ内の調整ボルトにより吹出し圧力をいったん設定したら，みだりに調整ボルトに触れないようにキャップをかぶせ封印する。

×ロ．破裂板は，破裂板の作動後の圧力低下の時間が極めて短いが，異常時の確実な作動が求められるため固着性あるいは腐食性の流体には~~使用されない~~（適している。）。

×ハ．ポンプの逃し弁は，~~ポンプに流入する流体の圧力を自動的に制御する~~（流入する流体の圧力を自動的に制御するものではない。）。

×ニ．低温液化ガス貯槽の負圧防止対策として設置する，空気を吸い込む真空安全弁は，~~ガスの性質にかかわらず~~一般的によく使用されている。
↑可燃性ガスのように空気を吸い込むと危険な状態になるものや，支障のある液化ガスには使用しない。

(1) イ　(2) イ，ロ　(3) イ，ニ　(4) ロ，ハ　(5) ハ，ニ

問10 次のイ，ロ，ハ，ニの記述のうち，安全装置について正しいものはどれか。 平成25

×イ．破裂板（ラプチャディスク）は，高粘性流体には適して~~いない~~。いる。

×ロ．バネ式安全弁の吹出し量決定圧力は，許容圧力の~~1.5倍以上~~とする必要がある。
圧縮ガスの場合1.1倍以下，液化ガスの場合1.2倍以下にする必要がある。

○ハ．バネ式安全弁は，装置内の圧力が上がった場合に内部の流体を放出する安全装置である。

○ニ．溶栓式安全弁は，規定温度以上になると可溶合金が溶融することで容器内部の流体を放出する安全装置である。

(1) イ　(2) ハ　(3) イ，ロ　(4) ハ，ニ　(5) ロ，ハ，ニ

2-14 静電気

問9 次のイ，ロ，ハ，ニの記述のうち，静電気の発生などについて正しいものはどれか。 平成28

×イ．配管内の液体の流動において，液体の流速が大きいほど帯電量が~~小さく~~大きくなる傾向がある。

○ロ．液体やガスが小さな穴から噴出するときに，静電気を発生することがある。

×ハ．可燃性液体を貯槽からタンクローリに充てんするとき，貯槽を接地し貯槽内液体の静電気を除去しておけば，タンクローリを接地する必要~~はない~~。タンクローリの接地も必要である。

○ニ．配管系などが局部的に接地から絶縁されることを防ぐためには，ボンディングが有効である。

(1) イ，ロ　(2) イ，ハ　(3) ロ，ハ　(4) ロ，ニ
(5) ハ，ニ

問9 次のイ，ロ，ハ，ニの記述のうち，静電気および静電接地について正しいものはどれか。 平成26

×イ．可燃性液体を配管で送液する際に，配管との摩擦により液体が帯電するが，その液体の固有抵抗値が~~小さい~~大きいほうが帯電しやすい。

○ロ．可燃性ガスを高圧ガス設備のノズルから噴出したとき，ガス中に含まれているミスト，塵埃などの粒子が帯電することがある。

○ハ．可燃性液体を貯槽に送液したときに，液体の流動や混合により貯槽内で帯電するので，帯電を緩和するためにその静置時間を確保した。

×ニ．可燃性液体を貯槽からタンクローリに充てんするとき，貯槽を接地し静電気を除去していたので，タンクローリを接地~~しないで~~充てんを行った。タンクローリの接地も必要である。

(1) イ，ハ　(2) イ，ニ　(3) ロ，ハ　(4) イ，ロ，ニ　(5) ロ，ハ，ニ

問8 次のイ，ロ，ハの記述のうち，静電気による可燃性ガスの着火防止を考慮した操作として正しいものはどれか。 平成25

○イ．貯槽内での作業の準備として，水張り用ノズルに導電性ホースを接続して静かに水張りし，残留可燃性ガスをパージした。

×ロ．貯槽からの漏えいで防液堤内にたまった可燃性液化ガスをシールするため，塩化ビニルパイプを用いて窒素ボンベから多量の窒素ガスを液面上の大気中に噴出させた。

↑多量の窒素ガスを液面上に噴出させると，塩化ビニルパイプが帯電したり空気中に液体が細かく飛散し小滴になるときに静電気が発生するおそれがある。

×ハ．漏えいした可燃性ガスを速やかに火源と遮断するため，スチームカーテン装置をドレンが除去~~されていない状態~~で作動させた。

↑ドレンを除去しないと，ドレンがスチームとともにノズルから噴出するときに静電気発生するおそれがある。

(1) イ　(2) ロ　(3) ハ　(4) イ，ロ　(5) イ，ハ

2-15 緊急遮断弁と逆止弁

問10 次のイ，ロ，ハの記述のうち，緊急遮断弁および逆止弁について正しいものはどれか。 平成30

○イ．緊急遮断弁は，停電時において無停電電源設備などの保安電力が確保できていれば，電気駆動式にしてもよい。

○ロ．空気圧を動力としているダイヤフラム式緊急遮断弁では，空気圧を断ったときに遮断する方式が用いられている。

×ハ．~~リフト~~（スイング）型逆止弁は，弁体がちょうつがいによって取り付けられていて，一方の流れに対して弁が開くようになっている。

↑リフト型逆止弁は，弁が弁箱またはふたに設けられたガイドによって弁座に対して垂直方向に作動するものである。

(1) イ　(2) ロ　(3) ハ　(4) イ，ロ　(5) イ，ハ

（正解：(4)）

問10 次のイ，ロ，ハの記述のうち，緊急遮断弁と逆止弁について正しいものはどれか。 平成29

○イ．緊急遮断弁には，異常を知らせる信号に連動して自動的に閉止するものと，人が遠隔操作して閉止するものがある。

○ロ．貯槽の外側に設置する緊急遮断弁は，貯槽の元弁の外側のできる限り貯槽に近い位置に設ける。

×ハ．~~リフト~~（スイング）型逆止弁の主な特徴として，弁はちょうつがいにより取り付けられていて，水平配管への設置に適している。

(1) イ　(2) ロ　(3) ハ　(4) イ，ロ　(5) イ，ハ

（正解：(4)）

問11 次のイ，ロ，ハ，ニの記述のうち，貯槽に取り付ける緊急遮断弁と逆止弁について正しいものはどれか。 平成28

×イ．緊急遮断弁開閉用の押ボタンの位置を，緊急遮断弁の作動が確認できるように，貯槽のできる限り近くに設けた。
↑該当貯槽の外面から5m以上(コンビ則適用の事業所では10m以上)離れた場所で大量の流出があっても安全で速やかに操作できる場所。

×ロ．緊急遮断弁を，緊急時以外は使用しないので，定期的に作動検査~~のみ~~を実施することにした。定期的な作動検査と弁座の漏えい検査が必要。

○ハ．空気圧を動力としているダイヤフラム式の緊急遮断弁に，空気を断ったときに遮断する方式を採用した。

○ニ．スイング形逆止弁を，水平配管および垂直配管（上向き流れ）に取り付けた。

(1) イ，ハ (2) イ，ニ (3) ロ，ハ (4) ロ，ニ
(5) ハ，ニ

問11 次のイ，ロ，ハ，ニの記述のうち，緊急遮断弁，逆止弁について正しいものはどれか。 平成27

×イ．緊急遮断弁は緊急時以外使用しないので，できるだけ遮断操作は複雑~~にする~~。
↓緊急時速やかに，確実に操作できるようにしてはならない。

○ロ．緊急遮断弁は，定期的に弁座漏れ検査，作動検査を行うが必要がある。

○ハ．緊急遮断弁には自動的に作動，閉止するものや，人が遠隔で押しボタンなどで操作し閉止するものがある。

×ニ．リフト型逆止弁は，一方の流れに対して弁が開くようになっており，逆の流れになると弁が閉まるよう~~に電動にて作動する~~な構造になっている。

(1) イ，ロ (2) イ，ハ (3) ロ，ハ (4) ロ，ニ
(5) ハ，ニ

問11 次のイ，ロ，ハ，ニの記述のうち，緊急遮断弁および逆止弁について正しいものはどれか。 平成25

○イ．緊急遮断弁の定期自主検査には，作動検査，弁座漏えい検査などがある。

×ロ．緊急遮断弁は緊急時以外使用しないので，できるだけ遮断操作は複雑にする。
↓緊急時速やかに，確実に操作できるようにしてはならない。

○ハ．緊急遮断弁の操作機構は，停電時において保安電力の確保ができていれば，電気を動力源にしてもよい。

×ニ．リフト（スイング）型逆止弁は，弁体がちょうつがいによって取り付けられていて，一方の流れに対して弁が開くようになっている。
↑リフト型逆止弁は，弁体が弁箱などに設けられたガイドにより弁座に対して垂直に作動するものである。

(1) イ，ロ　(2)（○） イ，ハ　(3) ロ，ハ　(4) ロ，ニ　(5) ハ，ニ

2-16 防災・防消火

温度上昇防止対策

問11 次のイ，ロ，ハの記述のうち，可燃性液化ガス貯槽および支柱の温度上昇防止対策について正しいものはどれか。 令和1

○イ．貯槽の全表面に均一に水を放射できる散水装置の設置

○ロ．支柱の耐火コンクリートによる被覆

×ハ．貯槽への破裂板の設置 は圧力上昇や低下の防止にはなるが，温度上昇防止対策にはならない。

(1) イ　(2) ロ　(3) ハ　(4)（○） イ，ロ　(5) ロ，ハ

防災設備

問12 次のイ，ロ，ハの記述のうち，防災設備について正しいものはどれか。 平成30

○イ．可燃性ガスが漏えいしたとき，加熱炉へ流入しないようにスチームカーテンを使用した。

×ロ．毒性ガスの貯槽に係る防液堤の設計において，防液堤内にたまる液の表面積ができる限り~~大きく~~小さくなるように防液堤の高さを決定した。

○ハ．充てん設備用の圧縮機と容器置場との間に，鋼板製の障壁を設置した。

(1) イ　(2) ロ　(3) ハ　(4) イ，ロ　(5) イ，ハ

防災活動

問18 次のイ，ロ，ハの記述のうち，防災活動について正しいものはどれか。 平成30

○イ．漏えい，火災などを発見した者は，大声をあげて周辺にいる者に告げ，最寄りの通報設備により，または直接計器室へ急行して事故の状況を報告する。

○ロ．ガス火災が続いている場合は，放射熱による周辺への延焼を抑止するたに散水冷却するとともに，漏えい量を減少させるために装置内の残ガスを安全に放出することなどが重要である。

×ハ．毒性ガスが漏えいしている場合は，保護具などを装着してガスの拡散措置を優先する。（→拡散防止と合わせて，中和，除害などの措置を講ずる。）

(1) イ　(2) ロ　(3) ハ　(4) イ，ロ　(5) ロ，ハ

防消火設備

問11 次のイ，ロ，ハの記述のうち，防消火設備について正しいものはどれか。 平成30

○イ．水噴霧装置は，対象設備に対して固定された噴霧ノズル付き配管により水を噴霧する装置で，防火設備である。

×ロ．散水装置は，対象設備に対して固定された孔あき配管または散水ノズル付き配管により散水する装置で，~~消火~~防火設備である。

×ハ．粉末消火器は，可搬式または動力車搭載の消火薬剤を放射する設備で，~~防火~~消火設備である。

(1) イ (2) ロ (3) ハ (4) イ，ロ (5) イ，ハ

問11 次のイ，ロ，ハの記述のうち，防消火設備について正しいものはどれか。 平成29

×イ．水噴霧装置や散水装置は，~~消火~~防火設備であり，火災~~を直接消火する~~の予防と類焼の防止をするためのものである。

○ロ．建屋内の高圧ガス製造設備に対する消火設備として，不活性ガスによる拡散設備を粉末消火器の代替とすることができる。

○ハ．消火栓は，ホース，筒先，ハンドルなどの放水器具を備えたもので，ある一定以上の筒先圧力や放水能力が要求されるものである。

(1) イ (2) ロ (3) ハ (4) イ，ハ (5) ロ，ハ

問 11 次のイ，ロ，ハの記述のうち，防消火設備などについて正しいものはどれか。 平成26

×イ．可燃性液化ガス貯槽の散水設備は，主に貯槽の火災を~~消火するために設置するものである~~。予防し，類焼を防止するための防火設備である。

○ロ．可燃性液化ガス貯槽の水噴霧装置は，固定された噴霧ノズル付き配管により水を噴霧する装置であり，貯槽本体を均一に噴霧するもので類焼防止に有効である。

○ハ．常時，十分な量を十分な圧力で供給できる不活性ガスによる拡散設備を建屋内の高圧ガス設備に設置した場合，粉末消火器の代替にすることができる。

(1) イ　(2) ロ　(3) ハ　(4) イ，ロ　(5) ロ，ハ

防消火活動

問 12 次のイ，ロ，ハの記述のうち，可燃性液化ガスの火災時の防消火活動について正しいものはどれか。 平成25

○イ．漏えい源となっている機器や配管が特定できない場合でも，可能なかぎり火災周辺設備の縁切りを行う。

×ロ．~~液化ガスの火災が建屋に延焼した場合でも，液化ガスの漏えいが止まるまでは建屋の消火活動は行わない~~。液化ガスの火災では漏えい源の特定と閉止操作を行い，火災に対しては延焼の防止のため散水冷却を行う。建屋に延焼した場合は建屋の消火活動を行い他への延焼を防止する必要がある。

○ハ．液化ガスが塔の上部で漏えいし燃えている場合，塔および周辺設備の冷却により火災の拡大防止を図る。

(1) イ　(2) ロ　(3) ハ　(4) イ，ハ　(5) ロ，ハ

防火壁および障壁

問 14 次のイ，ロ，ハの記述のうち，防火壁および障壁について正しいものはどれか。 平成 25

×イ．防火壁（液堤）は，貯槽内の可燃性液化ガスが液体の状態で漏えいした場合，液体が貯槽の周辺の限られた範囲を越えて他へ流出することを防止する。防火壁は，漏えいした可燃性ガスが火気を取り扱う施設に流動することを防止する装置である。

○ロ．障壁は，充てん設備における圧縮機と容器置場との間などに設け，その配置は日常の作業，消火活動などに支障を及ぼさないようにする。

○ハ．障壁の構造として，鉄筋コンクリート製，コンクリートブロック製，鋼板製がある。

(1) ロ　(2) ハ　(3) イ，ロ　(4) イ，ハ　(5) ロ，ハ

2-17 流動拡散防止設備・流動拡散防止装置

流動拡散防止設備

問 13 次のイ，ロ，ハ，ニの記述のうち，流動・流出および拡散を防止する設備について正しいものはどれか。 令和 1

○イ．スチームカーテンは，漏えいした可燃性ガスが火源へ流入しないようにガスを遮断するための設備であり，スチームにより漏えいガスを希釈する効果もある。

×ロ．防火壁（障壁）はガス爆発が発生した場合，爆発によって生じる衝撃による被害を軽減するための設備である。防火壁は，漏えいしたガスが火気を扱う施設に流動することを防止するための設備である。

○ハ．防液堤の材料は，鉄筋コンクリート，鉄骨・鉄筋コンクリート，金属，土またはこれらの組合せである。

×ニ．防液堤内に雨水が滞留するのを防止するため，防液堤内からの排水用の弁を常時開とした。排水時以外は閉止しておく。

(1) イ，ロ　(2) イ，ハ　(3) ロ，ニ　(4) ハ，ニ　(5) イ，ハ，ニ

問13 次のイ，ロ，ハ，ニの記述のうち，流動拡散防止設備および障壁について正しいものはどれか。 平成28

○イ．漏えいした可燃性ガスが加熱炉に流入しないように遮断し，漏えいした可燃性ガスを希釈する効果のあるスチームカーテンを設置した。

○ロ．防液堤の容量は，液化ガスの種類および貯槽内の圧力に応じて液化ガスが大気中に流出したときに生じる蒸発による減少量を差し引いて，必要容量を算出した。

×ハ．防液堤内に雨水が滞留するのを防止するため，防液堤内から外部に排出するための措置を講じ，~~常に~~排水できるように開状態とした。
排水時以外は閉止する必要がある。

○ニ．障壁の構造を鋼板製とした。

(1) イ，ロ　(2) イ，ハ　(3) ハ，ニ　④ イ，ロ，ニ　(5) ロ，ハ，ニ

流動拡散防止装置

問13 次のイ，ロ，ハ，ニの記述のうち，流動拡散防止装置および障壁について正しいものはどれか。 平成27

×イ．防液堤は，貯槽内の液化ガスが漏えいし，~~気化したガス~~が貯槽の限られた範囲を越えてほかへ流出することを防止するものである。
液体の状態の液化ガス

×ロ．防液堤の材料は，鉄筋コンクリート~~以外のものは使用できない~~。
他に鉄骨，金属，土またはこれらの組合せが使用できる。

○ハ．スチームカーテンは，漏えいした可燃性ガスが火源となる設備などへ流入しないようにガスの流れを遮断するためのものである。

○ニ．障壁は，ガス爆発が発生した場合，爆発によって生じる衝撃による被害を軽減することができる。

(1) イ　(2) ハ　(3) イ，ロ　(4) ロ，ニ　⑤ ハ，ニ

問13 次のイ，ロ，ハの記述のうち，流動拡散防止装置について正しいものはどれか。 平成26

×イ．防火壁（防液堤）は，貯槽内の可燃性液化ガスが液体の状態で漏えいした場合，この液体が貯槽の周囲の限られた範囲を越えて他へ流出することを防止するための設備である。防火壁は，漏えいしたガスが火気を取り扱う施設に流動することを防止するための措置である。

○ロ．スチームカーテンは，漏えいした可燃性ガスが火源へ流入しないようにガスを遮断するための設備である。

○ハ，防液堤の材料は，鉄筋コンクリート，鉄骨・鉄筋コンクリート，金属，土またはこれらの組合せである。

(1) イ (2) ロ (3) ハ (4) イ，ロ (5) ロ，ハ

2-18 フレアースタックおよびベントスタック

問13 次のイ，ロ，ハ，ニの記述のうち，フレアースタックおよびベントスタックについて正しいものはどれか。 平成30

○イ．可燃性液化ガスが気液混相で入ることを防止するため，高圧ガス設備近傍に気液分離器を設置した。

○ロ．エレベーテッドフレアーの騒音防止対策として，スチームノズル部にマフラを取り付けた。

×ハ．ベントスタック（フレアースタック）から黒煙が発生しないように，スチーム吹込み装置を取り付けた。ベントスタックは大気中にガスを放出する設備であり黒煙は発生しない。

×ニ．塩素ガス貯槽の安全弁の放出先を，フレアースタック（除害したあとベントスタックから放出する。）とした。フレアースタックは燃焼させる設備。塩素ガスの放出先として不適。

(1) イ，ロ (2) イ，ハ (3) ロ，ハ (4) ロ，ニ (5) ハ，ニ

問14 次のイ，ロ，ハ，ニの記述のうち，フレアースタックおよびベントスタックについて正しいものはどれか。 平成28

×イ．~~フレアースタック~~(ベントスタック)は，異常事態などで装置から移送される可燃性ガスを希釈・拡散し，ガスの着地濃度を爆発範囲未満にする防災設備である。

×ロ．エレベーテッドフレアースタックは，放出されるガスの処理をグランドフレアースタックよりも高所で行うので，騒音の心配~~はない~~。
高所で燃焼処理をすることからスチーム吹込み時の高周波騒音と燃焼時の低周波騒音を発生する問題があり，スチームノズル部にマフラを取り付けて騒音を防止している。

○ハ．高圧ガス設備からベントスタックへ液化ガスが気液混相で放出されるのを防止するため，設備に近接して気液分離器を設置した。

×ニ．ベントスタックからは~~多量の放射熱が発生し~~，周囲に障害を与えないように，措置を講じなければならない。ベントスタックは，燃焼を伴わないため放射熱は発生しない。

(1) イ　(2) ロ　◎(3) ハ　(4) ニ　(5) ロ，ハ

問15 次のイ，ロ，ハ，ニの記述のうち，フレアースタックおよびベントスタックについて正しいものはどれか。 平成25

×イ．フレアースタックは可燃性ガスを~~大気中に~~安全に~~希釈，拡散させるための防災~~(燃焼処理する)設備である。

×ロ．エレベーテッドフレアースタックは高所で処理を行うので，~~騒音の心配がない~~。スチームの吸込みなどによる騒音が発生することがある。

○ハ．毒性ガスをベントスタックで放出する場合は，あらかじめ除害の措置を講じた後行う。

○ニ．可燃性ガスのベントスタックでは，落雷による着火の可能性もある。

(1) ハ　(2) イ，ロ　(3) イ，ニ　◎(4) ハ，ニ
(5) ロ，ハ，ニ

問13 次のイ，ロ，ハの記述のうち，ベントスタックについて正しいものはどれか。 平成29

イ．放出された可燃性ガスの着地濃度が爆発上限界値未満となるような十分な高さとした。

ロ．毒性ガスの放出は，除害のための措置（吸収，中和，吸着除去など）を講じたのちに行った。

ハ．燃焼用空気が不足して黒煙が発生することがあるため，黒煙発生防止としてスチーム吹込み式とした。

(1) イ　(2) ロ　(3) ハ　(4) イ，ロ　(5) ロ，ハ

問14 次のイ，ロ，ハの記述のうち，ベントスタックについて正しいものはどれか。 平成27

イ．高圧ガス設備で異常事態が発生した場合，設備の内容物を設備外に移送する必要があるが，移送後の内容物を燃焼処理するための設備としてベントスタックがある。

ロ．ベントスタックにより設備内の毒性ガスを大気中に放出する場合には，除害のための措置を講じた後に行い，ガスの着地濃度を許容濃度値以下とする必要がある。

ハ．ベントスタックにより設備内の毒性ガスでない可燃性ガスを大気中に放出する場合には，放出された可燃性ガスの着地濃度が爆発下限界値未満となるよう放出口を十分な高さとする必要がある。

(1) イ　(2) ハ　(3) イ，ロ　(4) ロ，ハ　(5) イ，ロ，ハ

2-19 用　役

用役設備

問14 次のイ，ロ，ハの記述のうち，用役設備について正しいものはどれか。 令和1

○イ．防消火設備へ水を供給する設備は，送水機能が失われないよう保安電力などを保有させた。

○ロ．計装用空気供給設備には，圧力の脈動緩衝と凝縮水の除去のためエアレシーバを設置した。

○ハ．不活性ガスの供給設備は，他の事故による被害によって，その機能を失うことのないように安全な位置に設置した。

(1) イ　(2) ロ　(3) イ，ハ　(4) ロ，ハ　(5) イ，ロ，ハ

問14 次のイ，ロ，ハの記述のうち，用役設備について正しいものはどれか。 平成29

×イ．計装空気の供給設備には，清浄な乾燥した空気を供給できるように給油タイプのスクリュー圧縮機を採用した。（無）

×ロ．防消火設備へ水を供給する設備を，すぐ使用できるように事故発生の可能性のある設備直近に設置した。他の設備の事故による被害でその機能が失われないような安全な位置に設備する。

○ハ．不活性ガスの供給設備の設置に当たり，製造施設が危険な事態になったときを想定し，必要となる不活性ガスの量とその圧力を考慮した。

(1) イ　(2) ロ　(3) ハ　(4) イ，ロ　(5) ロ，ハ

問 16 次のイ，ロ，ハ，ニの記述のうち，用役設備について正しいものはどれか。 平成 27

×イ．用水設備，不活性ガス供給設備などを，高圧ガス製造設備の爆発事故などに~~備え，爆発の可能性のある設備の横に設置した~~。（より機能が失われないような安全な位置とする。）

○ロ．計装機器の駆動源に使用する空気の供給設備には，フィルタやエアレシーバを設けた。

○ハ．緊急時の保安用窒素の供給設備に，保安電力を確保した。

×ニ．工業用水を各機器の散水設備，ウォータカーテン，防消火用水に使用したが，使用後の水は~~排水となるので水質管理はしなかった~~。（pHや水質汚濁物質を管理する必要がある。）

(1) イ，ハ　(2) イ，ニ　③ ロ，ハ　(4) ロ，ニ

(5) ロ，ハ，ニ

問 15 次のイ，ロ，ハ，ニの記述のうち，用役設備について正しいものはどれか。 平成 26

×イ．防消火設備に水を供給するための防火水槽，ポンプなどを，設備事故の発生に~~備え，事故発生の可能性のある設備にできるだけ近い位置に設置した~~。（より機能が失われない安全な位置に設置する。）

○ロ．計装用空気として，油分，水分などの混入がない清浄な乾燥した空気を用いた。

×ハ．特殊反応設備の不活性ガス緊急置換用設備の電源に，保安電力を保有~~しなかった~~。（する必要がある。）

○ニ．蒸気を，バーナのアトマイジングとフレアースタックの黒煙防止に使用した。

(1) イ，ロ　(2) イ，ハ　③ ロ，ニ　(4) ハ，ニ

(5) イ，ロ，ニ

計装用空気

問15 次のイ，ロ，ハの記述のうち，計装用空気について正しいものはどれか。 平成30

○イ．計装用空気の供給設備に，空気圧力の脈動を緩和し，凝縮水を除去するためエアレシーバを設置した。

×ロ．装置内のガスなどの排除，工事などのためのガス置換，貯槽などのシール用，爆発混合気希釈用として~~計装用空気~~（不活性ガス）を使用した。

○ハ．各プラントの計装用空気取入れ配管にメインフィルタを設けるとともに，個々の計装用計器の空気取入れ配管にもフィルタを設けた。

(1) イ　(2) ロ　(3) ハ　(4) イ，ハ　(5) ロ，ハ

用 役

問16 次のイ，ロ，ハ，ニの記述のうち，用役について正しいものはどれか。 平成25

×イ．計装機器の駆動源とする計装用空気には，~~十分な加湿をする必要がある~~。（乾燥した清浄な空気を供給する。計装用空気中に水分や油分などが混入すると計装機器の故障の原因になる。）

○ロ．保安の確保に必要な用役設備は，他の設備の事故によって機能を失うことがないよう，安全な位置に設置する必要がある。

×ハ．災害防止の応急措置に使用する不活性ガスとして，~~水素~~（窒素）ガスなどを保有する必要がある。（水素は可燃性ガスである。）

○ニ．水蒸気は，タービンの駆動，リボイラの加熱，スチームカーテンなどに使用される重要な用役である。

(1) ロ　(2) イ，ロ　(3) イ，ハ　(4) ロ，ニ　(5) ハ，ニ

用役の供給異常時の製造設備の措置

問 17 次のイ，ロ，ハの記述のうち，用役の供給異常時の製造設備の措置について正しいものはどれか。 平成 25

×イ．外部電源が停止しても非常用~~発電機により保安電力が確保できれば，通常どおり運転を継続してよい~~。
（設備を安全に停止できるような容量で決められているので設備の停止を行う。運用継続用ではない。）

×ロ．計装用空気の供給が途絶えて原料供給および熱源が停止~~しても，速やかに計装用空気の供給が回復すれば，設備の状況確認をせずにそのまま運転再開が可能である~~。
（したときは，基準に従って安全に停止し，停止後は各機器の状態を把握することが必要である。）

○ハ．蓄電池を用いた予備の計器用電源は，停電初期の緊急操作以後の状態監視にも充分な容量があるとは限らないので，予備の計器用電源を使用中の装置の状態監視は，計器室の計器の表示だけに頼らず極力現場でも確認する。

(1) イ　(2) ロ　**(3)** ハ　(4) イ，ロ　(5) ロ，ハ

2-20 誤操作防止，誤操作防止対策

誤操作防止

問 16 次のイ，ロ，ハの記述のうち，誤操作の防止について正しいものはどれか。 令和 1

○イ．誤操作防止として，危険予知，ヒヤリ・ハット，復唱・復命の手法を取り入れた。

○ロ．保安上重要なスイッチに，誤って接触したり，操作しないようにカバーをかけた。

×ハ．十分に訓練を実施してい~~れば~~（ても），緊急時の作業量が多くなり操作手順が複雑となって~~も問題はない~~（いると，緊急時にはパニックとなる可能性があり，簡単な操作しかできず対応できなくなることがある）。

(1) イ　(2) ロ　(3) ハ　**(4)** イ，ロ　(5) イ，ハ

問16 次のイ，ロ，ハ，ニの記述のうち，誤操作防止について正しいものはどれか。 平成26

○イ．誤操作を防止するためには，認知，判断，意思決定，行動の各段階でエラーを起こさない適切な設備の構造と配置，作業環境および教育・訓練が重要である。

○ロ．バルブの開閉状態がわかるように色分け区分した開・閉の札をバルブに掛けることは，誤操作防止に有効である。

○ハ．危険予知，指差呼称，チェックリストなどの活用は，誤操作防止に有効である。

は原則として開の状態にするものであり，誤った操作をしないようにハンドルを施錠することは，誤操作防止になる。

×ニ．安全弁の元弁のハンドルを施錠することは緊急時に操作ができないので(が)，誤操作防止対策にはならない(なる)。

(1) イ，ハ (2) イ，ニ (3) ロ，ニ (4) イ，ロ，ハ (5) ロ，ハ，ニ

問18 次のイ，ロ，ハ，ニの記述のうち，誤操作防止について正しいものはどれか。 平成25

作業前に間違いがないか確認するために対象を指で差しそれが正しいことを確認したら「ヨシ」と声を出すもので，誤操作防止に有効である。

×イ．現場作業における指差呼称は，その行為そのものに気を取られることがあり，誤操作防止に有効ではない。

×ロ．安全弁の元弁のハンドルを外すことは，緊急時に操作ができないので，誤操作防止に有効ではない。

緊急時に操作ができない誤操作防止に有効である。

○ハ．危険予知，ヒヤリハット，チェックリストの活用は，誤操作防止に有効である。

○ニ．緊急停止時に実施すべき作業を大書して操作室に掲示することは，誤操作防止に有効である。

(1) イ，ロ (2) イ，ハ (3) ロ，ニ (4) ハ，ニ (5) ロ，ハ，ニ

誤操作防止対策

問17 次のイ，ロ，ハの記述のうち，誤操作防止対策について正しいものはどれか。 平成30

○イ．安全弁の元弁のハンドルを外すことは，誤操作防止に有効な対策である。

×ロ．警報設備は，警報発報後，正常な状態に回復すれば，自動で警報が解除されるシステム~~としなければならない~~。ではなく警報の種類によっては正常に回復しても異常内容を確認するか，措置が終わるまで解除されないシステムとする。

○ハ．最近のプラントでは，高度の計装システムが採用され，誤操作，誤った手順で操作されないようインターロックを組み込んでいる。

(1) イ　(2) ロ　(3) ハ　(4) イ，ロ　⑸ イ，ハ

問16 次のイ，ロ，ハ，ニの記述のうち，誤操作防止対策について正しいものはどれか。 平成29

×イ．安全弁の元弁のハンドルを開状態でロックピンで固定することは，誤操作防止対策~~にはならない~~である。

○ロ．運転上重要なスイッチをダブルアクション式にすることは，誤操作防止対策に有効である。

○ハ．指差呼称は，脳に刺激を与え，活性化が図られることから誤操作防止対策に有効である。

○ニ．誤操作防止の手法として，ダブルチェック，相互注意，復唱・復命などがある。

(1) イ，ロ　(2) ロ，ハ　(3) ハ，ニ　(4) イ，ハ，ニ
⑸ ロ，ハ，ニ

問 16 次のイ，ロ，ハ，ニの記述のうち，誤操作防止対策について正しいものはどれか。 平成 28

○イ．操作手順を間違えたときにでも，安全確保に必要な条件が整わないとその操作が無効となるようなシステム（インターロック機構）を採用することは有効である。

×ロ．単純な繰り返し作業や過度な緊張を強いられている作業は，~~エラーの発生が低下し，信頼性も高くなるので，長時間の連続作業に適している~~。
↓エラーを起こしやすく信頼性も低くなることから，長時間作業では適当な休憩を取る必要がある。

×ハ．誤操作は人間が引き起こすものであるので，日常から訓練や教育~~をしておけば，設備への誤操作対策をする必要はない~~。
ばかりでなく，設備的な対策として人の身体特性に合わせたCRT の構成，機器の配置，表示・標識，スイッチの保護や設備の安全設計などをする必要がある。

○ニ．緊急事態に直面しても，誤操作をしないように，緊急事態において，実施すべき最低限度の作業を大書し掲示することは有効である。

(1) イ，ロ　(2) イ，ハ　(3) イ，ニ　(4) ロ，ハ
(5) ハ，ニ

2-21 緊急措置

問 17 次のイ，ロ，ハ，ニの記述のうち，大規模地震発生時の対応について正しいものはどれか。 令和 1

×イ．地震動で設備が破壊され，可燃性ガスが漏えいした場合，~~系内のガスを放出し，計装用空気で系内をパージする~~。
緊急遮断弁，元弁を閉止してガスの流出，拡散を防止する。

○ロ．可燃性ガスを製造する設備に加熱炉がある場合，地震発生時にはまず加熱炉を消火する。

×ハ．地震発生時の毒性ガスの製造設備の点検は，直接措置に関係ない者は立入り禁止とし，万一に備えて呼吸保護具を携帯し，一人で行~~う~~。
ってはならない。

○ニ．製造設備の点検は，地震動が終息したのちに行う。

(1) イ，ロ　(2) イ，ハ　(3) ロ，ニ　(4) イ，ハ，ニ
(5) ロ，ハ，ニ

問17 次のイ，ロ，ハ，ニの記述のうち，緊急措置について正しいものはどれか。 平成29

×イ．毒性ガスが漏えいした場合，直接除害などの措置をする者以外は，風上に速やかに避難させる。

×ロ．火災などが発生したときの発災箇所での状況確認は，できるだけ最小人数で行う。

×ハ．可燃性ガスが漏えいした場合，系内のガスをベントスタックに導き放出し，さらに系内を不活性ガスでパージする。

○ニ．ガス火災が続いている場合，放射熱により周辺へ延焼しないよう固定式散水設備などを作動させて散水冷却を行う。

(1) イ (2) ロ (3) ハ (4) ニ (5) ロ，ニ

問17 次のイ，ロ，ハ，ニの記述のうち，緊急措置について正しいものはどれか。 平成28

○イ．異常反応時の緊急停止操作として，原料の供給停止や反応抑制剤の投入のほか，ダンプタンク（フローダウンタンク）への放出などがある。

○ロ．漏えい・火災などを発見した者は，大声をあげて周囲にいる者に告げ，最寄りの通報設備などから事故の状況を報告する。

×ハ．可燃性ガスが漏えいした場合は，その系内のガスをフレアースタックへで焼却処理した後，系内のガス置換は窒素などの不燃性ガスで行い，系内の可燃性ガス濃度が爆発下限界の1/4以下であることを確認してからエアパージする。

×ニ．毒性ガスが漏えいした場合は，最優先は措置に携わる者以外は風上の安全な場所へ避難させ，措置については速やかにガスの拡散防止と除害の措置を行う。

(1) イ，ロ (2) イ，ハ (3) ロ，ハ (4) ロ，ニ (5) ハ，ニ

問 18 次のイ，ロ，ハ，ニの記述のうち，緊急措置について正しいものはどれか。 平成 27

○イ．地震が発生し，地震計が検知して製造設備が自動的に緊急停止したので，地震動が終息した後，設備の点検と原料・ユーティリティなどのバルブ操作を決められた手順にそって実施した。

×ロ．爆発による破壊箇所の前後のバルブを閉止して孤立させた~~ので~~（のちに，）~~その設備の系内の可燃性高圧ガスをパージしなかった~~。

（その設備の系内の可燃性ガスをフレアースタックなどに放出し安全に処理しさらに不活性ガスでパージするのが原則である。）

○ハ．緊急時の通報・連絡についての担当者，方法，内容は，平日と夜間・休日に分けて定めた。

×ニ．毒性ガスの漏えいに備えて呼吸用保護具を設置しているが，購入後ほとんど使用してい~~ないので~~（なくても），定期的な点検を省略~~した~~（せずに日常点検と定期点検をしておく。さらに定期的に装置訓練を行っておく。）

(1) イ，ハ　(2) イ，ニ　(3) ロ，ハ　(4) ロ，ニ　(5) ハ，ニ

（正解：(1)）

問 17 次のイ，ロ，ハ，ニの記述のうち，緊急時の措置について正しいものはどれか。 平成 26

×イ．可燃性ガスの火災の場合，いったん消火してしまえば，その後の漏えいが継続していても，危険性は~~小さい~~。

（いったん消火しても，その後の漏えいが継続している場合は漏えいガスが再発火・爆発して二次災害を引き起こすことがある。）

×ロ．毒性ガスが漏えいしている場合は，除害などの作業に従事する者以外は，~~風下に~~速やかに避難させる。

（避難場所は発生源より風上の安全な場所とする。）

○ハ．漏えい・火災などを発見した者は，大声をあげて周辺にいる者に告げ，最寄りの通報設備などにより，計器室などに事故の状況を報告する。

○ニ．緊急事態に備え，緊急停止措置が迅速に行えるようあらかじめ運転基準などで運転責任区分，操作範囲を明確にしておくほか，緊急時通報・連絡の担当者，方法，内容を明確にしておく。

(1) ニ　(2) イ，ハ　(3) ロ，ニ　(4) ハ，ニ　(5) イ，ロ，ハ

（正解：(4)）

2-22 運転管理

問15 次のイ，ロ，ハの記述のうち，運転管理について正しいものはどれか。 令和1

○イ．製造設備の生産性，安全性を向上させるため，操作条件または設備の変更などに対応できるように，基準類の定期的な見直しを行った。

×ロ．可燃性ガス設備の内部点検のため，作業員が入れるように，装置内の可燃性ガスを~~直接空気~~（不活性ガス）で置換した。→後，空気で再置換し，酸素濃度を測定し安全を確認する。

○ハ．高圧ガス製造設備の使用開始時，使用終了時，運転中に作動状況について異常のないことを点検した。

(1) イ　(2) ロ　(3) ハ　(4) イ，ハ　(5) ロ，ハ

問17 次のイ，ロ，ハ，ニの記述のうち，運転管理について正しいものはどれか。 平成27

○イ．運転技術基準には，取扱物質の物性，機器の構造・機能，保安設備の内容・機能および関係法規などを記述した。

×ロ．運転操作基準の頻繁な改訂は，運転員の間で無用な混乱を招くおそれがあるので，~~大幅な改訂が必要であったときにまとめて行った~~（速やかに運転操作基準類の見直し改訂をして常に現状に合わせておく。）。

○ハ．作業頻度が少ない，または，スケジュール化されていない非定常作業についても，運転操作基準を作成し運用した。

×ニ．運転班の引継ぎ（交替申し送り）が運転管理上問題なく行われて~~いたので~~（いても，），引継ぎの方法，項目を~~標準化しなかった~~（標準化する。）。

(1) イ，ロ　(2) イ，ハ　(3) イ，ニ　(4) ロ，ハ
(5) ハ，ニ

定期修理完了後における運転開始方法

問16 次のイ，ロ，ハ，ニの記述のうち，運転設備の定期修理完了後における運転開始方法などについて正しいものはどれか。 平成30

○イ．運転操作基準と異なる方法で運転を開始する場合において，その都度運転開始指示書を作成した。

○ロ．運転要員の確保だけでなく，電気，計装，保全などの担当員の待機の手配をした。

×ハ．可燃性ガスを取り扱う機器の開放検査後の運転開始時に，残存する空気を，使用する~~可燃性ガスで直接置換~~した。↓危険である。まず空気から不活性ガスへ置換し次に不活性ガスから可燃性ガスに置換する。

○ニ．運転開始時に現場の巡回の頻度を多くして，ガスや液の漏えい，ユーティリティの供給状態などに異常がないか注意を払った。

(1) イ，ロ　(2) イ，ハ　(3) ハ，ニ　(4) イ，ロ，ニ

(5) ロ，ハ，ニ

塔槽内作業前の確認事項

問20 次のイ，ロ，ハ，ニの記述のうち，毒性ガスかつ可燃性ガスを取り扱う設備の塔槽内作業前の確認事項について正しいものはどれか。 平成29

×イ．可燃性ガス濃度が，爆発下限界値（の1/4）以下であることを確認する。

○ロ．毒性ガス濃度が，許容濃度以下であることを確認する。

○ハ．酸素濃度が，規定濃度範囲内にあることを確認する。

○ニ．塔槽内の機器類の動力源が遮断されていることを確認する。

(1) イ，ロ　(2) イ，ハ　(3) ロ，ニ　(4) ハ，ニ

(5) ロ，ハ，ニ

2-23 試験・検査

気密試験および耐圧試験

問 19 次のイ，ロ，ハの記述のうち，耐圧試験および気密試験について正しいものはどれか。 令和 1

×イ．耐圧試験は，水を使用することが原則であるが，系内に水を入れることができない場合には，~~可燃~~（不活）性ガスで行うことが可能である。

×ロ．圧力容器本体の強度に関係する部材を溶接補修した時は，（耐圧試験を行い設備の膨らみや伸びなど異常がないことを確認後，）気密試験で漏れがないことを確認~~した後，耐圧試験を行うことが必要である~~（する。）。

○ハ．気密試験は石けん水などを用いて漏れがないことを確認する方法で行うが，試験圧力を加えたのち一定時間放置して，圧力の降下量を測定する方法もある。

(1) イ (2) ロ ⓷ ハ (4) イ，ロ (5) イ，ハ

問 19 次のイ，ロ，ハ，ニの記述のうち，気密試験および耐圧試験について正しいものはどれか。 平成 28

○イ．気密試験は，原則として空気その他危険性のない気体を用いて所定の圧力をかけて行い，漏えいなどの異常がないとき合格とする。

○ロ．耐圧試験は，原則として水を用いて所定の圧力をかけて行い，膨らみ，伸び，漏えいなどの異常がないとき合格とする。

×ハ．耐圧部材の溶接補修を行った場合は，~~気密試験を行い~~（耐圧試験に），合格した後に~~耐圧試験~~（気密試験）を行う。

×ニ．気密試験（常用の圧力以上の圧力で10分以上保持してから，漏えいの確認を行う。）および耐圧試験（液体：常用の圧力の1.5倍以上，気体：常用の圧力の1.25倍以上行いその圧力を5～20分保持してから圧力容器などの強度上弱い部分がないかを確かめる。）は，どちらも常用の圧力で行えばよい。

⑴ イ，ロ (2) イ，ニ (3) ロ，ハ (4) イ，ロ，ハ (5) ロ，ハ，ニ

問 19 次のイ，ロ，ハ，ニの記述のうち，気密試験および耐圧試験について正しいものはどれか。 平成 26

○イ．高圧ガス設備の開放検査を実施した後，不活性ガスを用い脆性破壊を起こすおそれがない温度で気密試験を行い，フランジ継手などに石けん水を塗り，漏えいがないかを確認した。

×ロ．高圧ガス設備の気密試験を行うに際し，試験圧力まで~~一気に上昇させ~~（の昇圧は徐々に行う），その試験圧力が定められた数値以上であることを確認し~~直ちに~~（10分間保持した後）漏えいがないかを確認した。

○ハ．耐圧試験は，原則として水を用いて行う液圧試験であるが，水を使用することが不適当であったので，危険性のない気体で試験を行った。

×ニ．高圧ガス設備の耐圧強度に関わる部分を溶接補修した後に，耐圧試験を行い設備の膨らみや伸びなどの異常がないことを確認したので，気密試験を~~実施しなかった~~。

(1) イ，ハ　(2) ロ，ハ　(3) ロ，ニ　(4) イ，ロ，ニ
(5) イ，ハ，ニ

最終段階の検査で，耐圧試験を実施した場合も気密試験は行う。

維持管理のための検査

問 19 次のイ，ロ，ハの記述のうち，高圧ガス製造設備の維持管理のための検査について正しいものはどれか。 平成 29

○イ．設備管理部門の検査担当者は，検査用機器などを用いて設備の運転中に日常検査を実施する。

○ロ．定期検査を高圧ガス保安協会規格の定期自主検査指針に基づいて実施した。

×ハ．定期検査の最終段階において，配管，計測器が取り付けられた状態で行われる気密試験は，実際に設備運転時に~~使用する流体~~（危険性のない気体）で行わなければならない。

(1) イ　(2) ロ　(3) ハ　(4) イ，ロ　(5) ロ，ハ

丙種化学(特別) 保安

2-24 保 全

保全方式

問18 次のイ，ロ，ハの記述のうち，保全方式について正しいものはどれか。 令和1

○イ．設備の劣化傾向を把握して設備の寿命を予測し，それに合わせて次の整備，修理の時期を決める方式を，状態基準保全という。

×ロ．設備が機能を停止したり，要求された性能の低下をきたす前に計画的に設備を整備し，突発故障を未然に防止する方式を，~~計画事後~~予防保全という。

×ハ．設備の性能や健全性，保全性などを向上させる目的で設備や工事内容を改善しながら整備，修理を行う方式を，~~予知~~改良保全という。

(1) イ　(2) ロ　(3) ハ　(4) イ，ロ　(5) ロ，ハ

問19 次のイ，ロ，ハの記述のうち，保全方式について正しいものはどれか。 平成30

○イ．状態基準保全は，検出技術や設備診断技術などにより，設備の劣化傾向を把握して設備の寿命を予測し，それに合わせて次の整備，修理の時期を決める方式である。

×ロ．~~時間基準保全~~改良保全は，設備の性能や健全性，保全性などを向上させることを目的とし，設備や補修内容を改善しながら整備を行う方式である。

時間基準保全は，設備が性能を停止する前や要求性能の低下をきたす前に，計画的に時間を基準にして整備する方式。

○ハ．計画事後保全は，設備が故障または性能の低下をきたしてから整備，修理を行うことを前提に，計画的に管理する方式である。

(1) イ　(2) ロ　(3) ハ　(4) イ，ロ　(5) イ，ハ

問18 次のイ，ロ，ハの記述のうち，保全方式について正しいものはどれか。 平成29

○イ．保全方式の一つである予防保全は，時間基準保全と状態基準保全の二つに分類できる。

×ロ．設備が機能を停止したり，要求された性能の低下をきたす前に計画的に整備を実施し，突発故障を未然に防止する方式を，~~計画事後~~ 予防 保全という。

×ハ．検出技術や設備診断技術などにより，設備の劣化傾向を把握して設備の寿命を予測し，次の整備・修理の時期を決める方式を~~改良保全~~ 状態基準保全(予知保全)という。

(1) イ　(2) ロ　(3) ハ　(4) イ，ロ　(5) ロ，ハ

問19 次のイ，ロ，ハの記述のうち，保全方式について正しいものはどれか。 平成27

×イ．設備が故障，または性能の低下をきたしてから整備，修理を行うことを前提に計画的に管理する方式を，~~状態基準保全~~ 計画事後保全という。

状態基準保全は設備の劣化傾向から設備の寿命を予測してそれに合わせて次の整備時期を決める方式である。

○ロ．時間基準保全は，日常点検，定期点検，定期検査，定期整備によって構成される。

○ハ．検出技術や設備診断技術などにより，設備の劣化傾向を把握して設備の寿命を予測し，次の整備・修理の時期を決める方法を予知保全という。

(1) イ　(2) ロ　(3) ハ　(4) イ，ロ　(5) ロ，ハ

保全計画

問18 次のイ，ロ，ハの記述のうち，保全計画について正しいものはどれか。 平成28

×イ．保全方式の一つである改良保全は，~~時間基準保全と計画事後保全の二つに分類できる~~。
↑設備の性能や保全性などを向上させる目的で設備や工事内容を改善しながら整備や修理をするもの。

○ロ．設備の劣化状況を把握して設備の寿命を予測し，それに合わせて次の整備，修理の時期を決める方式を，状態基準保全という。

×ハ．設備の性能や健全性，保全性などを向上させる目的で設備や工事内容を改善しながら整備，修理を行う方式を，~~予知保全~~（改良保全）という。
予知保全は設備の劣化傾向を把握し設備の寿命を予測して，次の整備や修理をするものである。

(1) イ　(2) ロ　(3) ハ　(4) イ，ロ　(5) イ，ハ

問18 次のイ，ロ，ハの記述のうち，保全計画について正しいものはどれか。 平成26

○イ．改良保全は，設備の性能や健全性，保全性などを向上させる目的で設備や工事内容を改善しながら整備，修理を行う方式である。

○ロ．予防保全は，設備が機能を停止したり，要求された性能の低下をきたす前に計画的に設備を整備し，突発故障を未然に防止する方式である。
計画事後保全は設備が故障や要求性能が低下してから整備，↓修理することを前提に計画的に管理する保全方式である。

×ハ．~~計画事後~~（予知）保全は，設備の劣化傾向を把握して設備の寿命を予測し，それに合わせて次の整備，修理の時期を決める方式である。

(1) イ　(2) ロ　(3) ハ　(4) イ，ロ　(5) イ，ハ

丙種化学（特別）保安

問19 次のイ，ロ，ハの記述のうち，保全計画について正しいものはどれか。 平成25

イ．効率的な保全を行うために，保全計画対象の各設備に重要度ランクを設定して，保全方式，点検内容およびスケジュールを定めることが望ましい。

ロ．設備管理は安全操業に重要な役割を果たすことから，責任分担を明確にするため，設備管理部門が単独で保全計画を作成，実施することが必要である。

ハ．保全方式の一つである予防保全は，時間基準保全と計画事後保全の二つに分類できる。

(1) イ　(2) ロ　(3) ハ　(4) イ，ロ　(5) イ，ハ

2-25 工事安全管理，工事管理

工事安全管理

問20 次のイ，ロ，ハ，ニの記述のうち，工事安全管理について正しいものはどれか。 令和1

イ．定期修理工事において，工事が遅れ気味だったので，まず協力会社の作業員を作業に就かせ，作業終了後に工事に関する注意事項やルールなどの安全教育を実施した。

ロ．毒性ガスの塔槽内作業において，空気にて置換したあと，塔槽内の酸素濃度が規定値だったので，作業員を入槽させた。

ハ．火気を使用する工事の対象設備が，酸素ガス製造設備であったので，不活性ガスや空気などによる置換作業を省略した。

ニ．火気使用工事の管理対象は，グラインダ，たがね，ハンマなどで生じる摩擦火花，衝撃火花なども含めた。

(1) イ　(2) ロ　(3) ハ　(4) ニ　(5) ロ，ニ

問20 次のイ，ロ，ハ，ニの記述のうち，工事安全管理について正しいものはどれか。 平成28

○イ．塔槽内作業のため，塔槽に接続されているそれぞれの配管の弁を閉止し，弁または配管の継手に仕切板を挿入した。

×ロ．可燃性ガス配管の溶接工事にあたり，不活性ガスにより配管内を十分に置換したので，工事中は消火器，水バケツなどの消火のための措置を~~講じなかった~~。講じる。

×ハ．工事作業は，長年依頼している工事業者のベテラン作業員による工事作業であったので，作業前の危険予知活動を~~省略~~し，作業時間を有効に使った。省略してはならない

○ニ．長期にわたる工事であったので，工事の状況に応じて，適宜，工事安全対策の内容の再確認を行った。

(1) イ，ハ　②　イ，ニ　(3) ロ，ニ　(4) ハ，ニ
(5) イ，ロ，ニ

問20 次のイ，ロ，ハ，ニの記述のうち，工事の安全管理について正しいものはどれか。 平成27

○イ．工事担当部門は，定期検査時に行う工事について，工事の目的，内容，工程，責任分担，安全対策などを明記した工事計画書を作成し，計画の内容について関係部門，工事担当者に周知徹底を行った。

×ロ．工事担当部門は，本日の工事作業内容が，前日行った作業内容と同じであったので，本日の工事作業前に行う作業内容の注意事項，安全ミーティングを~~省略した~~。省略してはならない。

○ハ．工事担当部門は，溶接機，電動工具，グラインダを火気管理対象とした。

×ニ．可燃性ガス用タンクの槽内で作業を行う際に，窒素ガスにて可燃性ガスを置換し，槽内の可燃性ガス濃度が十分低い~~ことのみ~~確認できれば，入槽可能と計画した。

爆発下限値の1/4以下を確認し，空気を再置換し，酸素濃度18～22%であることを確認して入槽可能とする。

※"のみ"と記載されている選択肢は，基本的にまずマチガイ

工事管理

問 20 次のイ，ロ，ハの記述のうち，工事管理について正しいものはどれか。 平成 30

×イ．火気を使用する工事としての管理対象を，溶接，溶断など火炎が発生するものに~~限定した~~。限らず，電気工具の電気火花やグラインダなどの火花，電熱器などの高熱物質も含めて管理する。

×ロ．火気を使用し工事を行う対象設備が，可燃性ガスの設備であったので，~~まず空気により可燃性ガスを置換し，設備内のガス濃度を規定値以下にした~~。それらのガスを回収または安全に処理した後，不活性ガスで置換し設備内のガス濃度を爆発下限界値の1/4以下にする。

○ハ．塔槽内作業にあたり，開放時に運転，保全の両担当者が立会い，酸素欠乏危険作業主任者を選任し，監視人を配置した。

(1) イ　(2) ロ　(3) ハ　(4) イ，ロ　(5) ロ，ハ

問 20 次のイ，ロ，ハ，ニの記述のうち，工事管理について正しいものはどれか。 平成 26

○イ．工事作業に入場する協力会社などの作業員に対し，工事内容，工事注意事項，緊急時の措置および工事計画書の説明などの安全教育を実施し，周知徹底を図った。

○ロ．工事期間中は，毎日，工事開始前に作業員全員に当日の作業内容の説明を行った後，全員で危険予知ミーティングを行い，安全対策の周知徹底を図った。

×ハ，溶接や溶断で発生する火気は，火災が発生する危険性があるが，電動工具などで生じる電気火花は火災発生源とはならないと考え，火気使用許可を~~受けなかった~~。受ける必要がある。

×ニ．塔槽内作業において，作業開始前に酸素濃度測定を実施し，酸素濃度が 18％～22％の範囲内であっ~~たため~~ても，全員で現場を離れ休憩した後，作業再開時の酸素濃度測定を再び実施~~しなかった~~する。

(1) イ　(2) イ，ロ　(3) イ，ニ　(4) ロ，ハ　(5) ハ，ニ

問 20 次のイ，ロ，ハ，ニの記述のうち，工事管理について正しいものはどれか。 平成 25

○イ．工事の安全を確保するために，関係部門と工事内容について十分打合せを行い，工事計画書を作成し，責任者と責任範囲を明確にし，関係者全員に周知を図った。

×ロ．工事開始前に作業員全員に一度作業内容，危険想定事象，安全対策などを説明したので，工事期間中は毎日の安全ミーティングを~~省いた~~実施する。

×ハ．火気を使用し工事を行う対象設備が，可燃性ガスの製造設備であったので，~~空気~~窒素などの不活性ガスにより可燃性ガスを置換し，設備内のガス濃度を爆発下限界の 1/4 以下にした。

×ニ．塔槽内作業に際し，開放設備の前後配管の弁を閉止し，各々の弁の弁座漏えいがなかった~~ので~~時でも，縁切り目的の仕切板の挿入を~~しなかった~~する。

(1) イ　(2) イ，ハ　(3) ロ，ハ　(4) ロ，ニ　(5) ハ，ニ

（正解：(1)）

2-26 カセイソーダ水溶液で除害

問 14 次のイ，ロ，ハの毒性ガスのうち，カセイソーダ水溶液で除害できるものはどれか。 平成 30

○イ．塩素

×ロ．アンモニア　←アンモニアの除害剤としては大量の水が定められている。

○ハ．亜硫酸ガス

(1) イ　(2) ロ　(3) ハ　(4) イ，ロ　(5) イ，ハ

（正解：(5)）

問14 次のイ，ロ，ハ，ニの毒性ガスのうち，カセイソーダ水溶液で除害できるものはどれか。 平成26

×イ．アンモニア ←アンモニアの除害剤には大量の水が用いられる。

○ロ．塩素

○ハ．硫化水素

○ニ．亜硫酸ガス

(1) イ，ロ (2) イ，ニ (3) ハ，ニ (4) イ，ロ，ハ

(5) ロ，ハ，ニ（正解）

2-27 高温，高圧の配管フランジ締付けについて

問8 次のイ，ロ，ハの記述のうち，高温，高圧の配管フランジ締付けについて正しいものはどれか。 平成30

○イ．昇温時に，金属リングガスケットを使用したフランジの増し締め（ホットボルティング）を行った。

×ロ．フランジボルトの締付けにおいて，~~1本ずつ1回で所定のトルクまで~~トルクレンチで締め付けた。 ←相対締付け法が有効。ボルトの上下，左右，対称に順番に締め付け，最後に一周して締め付ける。

○ハ．高温での強度が高いクロムモリブデン鋼のスタッドボルトを用いた。

(1) イ (2) ロ (3) ハ (4) イ，ロ (5) イ，ハ（正解）

2-28 異常現象とその対応

問 15 プラントの運転中に起こりうる，次の異常現象イ，ロ，ハ，ニとその対応措置 a，b，c，d との組合せとして，正しいものはどれか。 平成 29

（異常現象）

イ．フラッディング d 蒸留塔内の蒸気速度が増加して飛沫同伴量が増大する現象

ロ．ホットスポット b 触媒が不均一充てんされるなどして局部的に反応が進行する現象

ハ．サージング c 遠心圧縮機において吐出し側抵抗が大きくなり，サージング限界まで風量が低下すると，逆流と圧力変動が発生し不安定な運転状態になる現象

ニ．キャビテーション a ポンプ内の液体が蒸発，または液体に溶解しているガスが小さな気泡となり多数発生して，これが生成と消滅を繰り返し，騒音と振動を発生する現象

（対応措置）

a．ポンプ吸込み側の液面上昇 ニ．キャビテーション

b．反応器予熱器の熱源の減少または停止 ロ．ホットスポット

c．送風機の吐出し弁開度の増加による送気量の増加 ハ．サージング

d．蒸留塔再蒸発器の熱源の減少または停止 イ．フラッディング

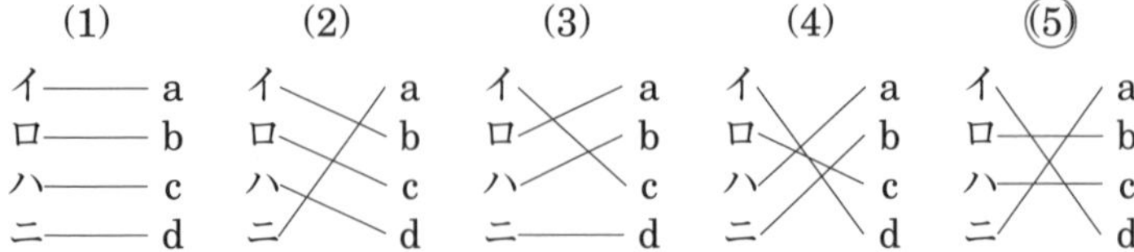

2-29 プロセスの制御方式

問6　次のイ，ロ，ハ，ニの記述のうち，プロセスの制御方式について正しいものはどれか。　平成 27

×イ．フィードバック（フォワード）制御は，プロセスの外乱の影響が制御量に現れる前に，それを打ち消す操作を加え，外乱からの制御量への影響を未然に防ぐものである。フィードバック制御はプロセスに外乱が入り，目標値と制御量に偏差が生じるとその差を制御装置が判断し，操作量を変化させその結果制御量が変わり，目標値に一致するように制御するものである。

○ロ．カスケード制御は，一次調節計の出力値で二次調節計の目標値を制御するものである。

○ハ．比率制御は，基準になる量に所定の比率を乗じたものを追従する側の制御系の目標値とするものである。

○ニ．シーケンス制御は，あらかじめ定められた操作手順に従って，次々と自動的に操作を行うものである。

(1) イ，ロ　(2) ロ，ハ　(3) ハ，ニ　(4) イ，ロ，ニ
⑸ ロ，ハ，ニ

2-30 高圧装置

問4　次のイ，ロ，ハ，ニの記述のうち，高圧装置などについて正しいものはどれか。　平成 25

×イ．流動床式反応器は，~~固定した触媒の間に気体を流して~~（触媒が流動状態でガスと接触して）反応させる反応器である。

○ロ．蒸留塔でトレイ，充てん物を用いるのは，気体と液体とを効率よく接触させるためである。

×ハ．球形貯槽は，円筒形貯槽に比べて高圧での使用に適して~~いない~~（いる）。

○ニ．多管円筒形熱交換器は，管板に取り付けられた多数の伝熱管を通じて熱交換を行うものである。

(1) イ，ロ　(2) イ，ニ　(3) ロ，ハ　⑷ ロ，ニ
(5) ハ，ニ

製造保安責任者試験

丙種化学(特別)

第3章

学識

問題分析

丙種化学 学識 (R1年～H25年)項目一覧

項目	24の学識知識（項目）
	計算問題
1	アボガドロ (1,29,27,25)
2	ボイル・シャルル (1,30,28,27)，状態方程式 (26)
3	蒸発熱(顕熱と潜熱)(1,29,26)，潜熱顕熱気化熱について (28)，伝熱速度 (25)　↑計算問題ではないですが
4	引張荷重（引張強さ (1,30,28,26,25)，伸び (29,27))
5	メタン，ブタンの完全燃焼反応式（空気量 (30,27)，濃度 (26))
	プロパン，プロピレン，ブタンの完全燃焼反応式 (係数 (1,29,25))
6	メタノール，アンモニア合成反応の熱化学方程式 (30,29,28,27,25)
7	単位 (1,30,29,28,27,26,25)
8	物質と分子 (30,28,26)，ガスの密度 (29)
9	状態図 (30,28,26,25)，状態変化 (1,27)
10	爆発限界 (29,27,25)
11	最小発火エネルギー (1)，燃焼・爆発 (30,28,26)
12	沸点順 (1,29,28,26,25)，飽和蒸気圧と沸点 (1,30,27)，沸点温度比較 (30)，臨界温度順 (25)
13	ガスの性質 (1,29,28,27,26,25)，不燃性ガスの性質 (25)
14	ガスの工業的製造方法 (1,30,29,28,27,26,25)
15	円管内の流れ (1,30,29,28,27)
16	伝熱 (1,30,29,28,27,26)
17	応力とひずみ (29,27,25)，応力―ひずみ線図 (30,28,26)
18	金属材料の強度と破壊 (1,30,29,28,27,26,25)
19	炭素鋼 (1,28,26,25)，ステンレス鋼 (27)
20	計測器 (1,30,26,25)，U字管圧力計 (29)，ガス濃度分析計 (27)，ベンチュリ流量計 (25)
21	金属の腐食 (30,29,28,26)
22	溶接 (29,27)，溶接欠陥 (1,30,28,26,25)
23	ガスの圧縮 (1,30,29,28,27,26)
24	ポンプ (1,30,29,28,27,26,25)

丙種化学 学識 問題分析一覧

問	令和1年	平成30年
1	単位	単位
2	プロパンの体積 アボガドロ（計算）	物質と分子
3	理想気体について ロ．ボイルシャルル（計算）	理想気体について ロ．ボイルシャルル（計算）
4	物質の状態変化について	物質の状態図
5	飽和蒸気圧と沸点について	飽和蒸気圧と沸点について
6	気化に何kJの熱か 蒸発熱（計算）	アンモニアの熱化学方程式
7	プロパンの燃焼式 【易】数値穴埋め（計算）	メタンの燃焼式 【易】酸素量から空気（計算）
8	最小発火エレルギー順並べ	燃焼・爆発について
9	沸点順並べ	沸点，温度比較
10	ガスの性質	ガスの工業的製造方法
11	ガスの工業的製造方法	円管内の流れ
12	円管内の流れ	伝熱
13	伝熱	応力ーひずみ線図
14	引張荷重 何MPaの応力か（計算）	引張荷重 何MPaの応力か（計算）
15	金属材料の強度と破壊	金属材料の強度と破壊
16	炭素鋼の熱処理	金属の腐食について
17	溶接方法及び溶接欠陥	溶接欠陥（融合不良）
18	計測器について	計測器について
19	ガスの圧縮について	ガスの圧縮について
20	ポンプについて	ポンプについて

丙種化学（特別）学識

丙種化学 学識 問題分析一覧

問	平成29年	平成28年	平成27年	平成26年	平成25年
1	単位	単位	単位	単位	単位
2	窒素ガスの質量 アボガドロ（計算）	物質と分子	窒素ガスの体積 アボガドロ（計算）	物質と分子	ブタンの体積 アボガドロ（計算）
3	沸点順並べ	容器内の圧力 ボイルシャルル（計算）	理想気体について ハ．ボイルシャルル（計算）	何 mol の酸素か 【難】状態方程式（計算）	臨海温度順並べ
4	気化に何 kJ の熱か 蒸発熱（計算）	物質の状態図	物質の状態変化について	物質の状態図	物質の状態図
5	メタノールの熱化学方程式	潜熱，顕熱，気化熱	飽和蒸気圧と沸点について	気化に何 kJ の熱か 蒸発熱（計算）	沸点順並べ
6	プロピレンの燃焼式 【易】数値穴うめ（計算）	アンモニアの燃焼式	メタノールの熱化学方程式	メタンの燃焼式 混合ガス（計算）	アンモニアの熱化学方程式
7	爆発下限界順並べ	燃焼・爆発について	ブタンの燃焼式 【易】酸素量から空気（計算）	燃焼・爆発について	ブタンの燃焼式 【易】酸素量から空気（計算）
8	ガスの密度並べ	沸点順並べ	爆発限界	沸点順並べ	爆発下限界順並べ
9	ガスの性質	ガスの性質	ガスの性質	ガスの性質	不燃性ガスの性質
10	ガスの工業的製造方法	ガスの工業的製造方法	ガスの工業的製造方法	ガスの工業的製造方法	不燃性ガスの性質
11	円管内の流れ	円管内の流れ	円管内の流れ	伝熱	ガスの工業的製造方法
12	伝熱	伝熱	伝熱	応力−ひずみ線図	ベンチュリ流量計の原理【難】
13	応力とひずみ	応力−ひずみ線図	応力とひずみ	引張荷重 何 MPa の応力か（計算）	氷が溶けるまでの時間は【難】伝熱速度（計算）
14	引張荷重 何 mm の伸びか（計算）	引張荷重 何 MPa の応力か（計算）	引張荷重 何 mm の伸びか（計算）	金属材料の強度と破壊	応力とひずみ
15	金属材料の強度と破壊	金属材料の強度と破壊	金属材料の強度と破壊	炭素鋼について	引張荷重 何 MPa の応力か（計算）
16	金属の腐食について	炭素鋼の性質	ステンレス鋼について	金属の腐食について	金属材料の強度と破壊
17	溶接について	金属の腐食について	溶接について	溶接の欠陥模式図	炭素鋼の熱処理
18	U 字管圧力の算出式	溶接欠陥について	ガス濃度分析計について	計測器について	溶接欠陥（溶込み不良）
19	ガスの圧縮について	ガスの圧縮について	ガスの圧縮について	ガスの圧縮について	計測器について
20	ポンプについて	ポンプについて	ポンプについて	ポンプについて	ポンプについて

3-1 計算問題まとめ

1 **アボガドロ**（1, 29, 27, 25）

気体の 1 mol（モル）の標準状態においての体積は 22.4 L

2 **ボイル・シャルル**（1, 30, 28, 27）

$$\frac{P_1V_1}{T_1}=\frac{P_2V_2}{T_2}$$ ここで温度は絶対温度

2′ **状態方程式（難問）**（26）

$$n=\frac{PV}{RT}$$

3 **蒸発熱**（1, 29, 26）

A　100℃まで加熱するための顕熱

重さ kg×比熱容量×温度差

B　100℃を水蒸気にするための蒸発熱（潜熱）

重さ kg×蒸発熱

すべてを気化させるには A+B

3′ **伝熱速度（難問）**（25）

$$\Phi=kA\frac{T_1-T_2}{L}$$

4 **引張荷重**（1, 30, 29, 28, 27, 26, 25）**毎年必ず出題。**

・引張強さはおよそ何 MPa か（およそ何 MPa の応力を生じるか）（1, 30, 28, 26, 25）

$$\underset{\text{応力}}{\overset{\text{シグマ}}{\sigma}}=\frac{F\,\text{引張荷重}}{A\,\text{断面積}}$$

・およそ何 mm の伸びを生じるか（29, 27）

$$\underset{\text{伸び}}{\lambda}=\frac{FL}{AE}=\frac{\text{引張荷重}\times\text{長さ}}{\underset{\pi r^2}{\text{断面積}}\times\text{従弾性係数}}$$

5 **メタン**(30, 26) **ブタン**(27, 25) **プロピレン**(29) **プロパン**(1) **の完全燃焼**

・完全燃焼させるための最小必要空気量はおよそ何 m^3 か。(30, 27)（メタン ブタン）

完全燃焼に必要な酸素量 → 完全燃焼に必要な最小空気量

・混合ガス中のメタンの濃度はおよそいくらになるか。(26)

完全燃焼に必要な酸素量 → 完全燃焼に必要な最小空気量

→ 混合ガスのメタン濃度

・プロピレン(29)，ブタン(25) が完全燃焼するときの反応式の係数はどれか。

プロピレン C_3H_6 + [イ] O_2 = [ロ] CO_2 + [ハ] H_2O

左右みて 1 つしかない C と H の係数を合わせる。

すると左右両方ある O の係数が決まる。

ブタン C_4H_{10} + [イ] O_2 = [ロ] CO_2 + [ハ] H_2O

(同様に) 左右みて 1 つしかない C と H の係数を合わせる。

すると左右両方ある O の係数が決まる。

計算問題

1 アボガドロ 気体の 1 mol の標準状態においての体積は 22.4L

問2 6.0 kg の液体のプロパンが気化して気体になった。この気体のプロパンの体積は，標準状態（0℃，標準大気圧）でおよそ何 m^3 か。ただし，プロパンの分子量は 44 とし，理想気体として計算せよ。 令和 1

(1) 0.14 m^3　(2) 1.5 m^3　(3) 2.2 m^3　④ 3.1 m^3　(5) 6.1 m^3

プロパン 1 mol＝44g　よって　6000g÷44g＝136.36 mol

気体の 1 mol の標準状態においての体積は 22.4L であるから

136.36 mol×22.4L＝3054L＝3.054 m^3≒3.1 m^3

問2 標準状態（0℃，標準大気圧）で 10.0 m^3 を占める窒素ガスの質量はおよそ何 kg か。ただし，窒素の原子量は 14.0 とする。 平成 29

(1) 6.25 kg　(2) 10.0 kg　③ 12.5 kg　(4) 20.0 kg

(5) 25.0 kg

標準状態で 10.0 m^3 の窒素の物質量は，10.0×1000/22.4＝446.4 mol

したがって，その質量は，446.4×14.0×2≒12500g＝12.5kg

問2 5.0kgの液体窒素が気化してガスになった。この窒素ガスの体積は，標準状態（0℃，標準大気圧）でおよそ何m^3か。ただし，窒素の分子量は28とし，理想気体として計算せよ。 平成27

(1) $0.18m^3$ (2) $1.0m^3$ ◎(3) $4.0m^3$ (4) $40m^3$ (5) $180m^3$

窒素ガスの体積（標準状態）：5000g/(28g/mol)×22.4L/mol＝4000L
＝$4.0m^3$

問2 10kgの液体ブタンが気化してガスになった。このガス状ブタンの体積は，標準状態（0℃，標準大気圧）でおよそ何kLか。ただし，ブタンの分子量は58とし，理想気体として計算せよ。 平成25

(1) 0.39kL (2) 1.9kL (3) 2.2kL ◎(4) 3.9kL (5) 7.7kL

アボガドロの法則より，1molの理想気体は標準状態において22.4Lの体積を占める。

10kgの液体ブタンの物質量は　$10\times10^3/58=172$mol

これを標準状態の体積にすると　$172\times22.4=3852.8$L≒3.9kL

計算問題

2 ボイル・シャルル　$\frac{P_1V_1}{T_1}=\frac{P_2V_2}{T_2}$　ここで温度は絶対温度

問3 次のイ，ロ，ハの記述のうち，理想気体について正しいものはどれか。 令和1

○イ．温度が一定ならば，一定量の気体の体積は絶対圧力に反比例して変わる。

×ロ．密閉容器内の温度を20℃から60℃に上昇させると，容器内の気体の絶対圧力は20℃のときの絶対圧力の3.0倍になる。

○ハ．気体の密度は，気体の分子量に比例する。 ℃に比例ではなくKに比例する。

(1) イ (2) ロ (3) ハ (4) イ，ロ ◎(5) イ，ハ

$\frac{(273+60)}{(273+20)}$倍になる。

問3 メタンを真空の容器に25℃で0.20 MPa（ゲージ圧力）まで充てんした。温度が75℃になると，容器内の圧力（ゲージ圧力）はおよそいくらになるか。ただし，メタンは理想気体とし，大気圧は標準大気圧として計算せよ。 平成28

(1) 0.18 MPa　(2) 0.23 MPa　◎(3) 0.25 MPa　(4) 0.60 MPa
(5) 0.80 MPa

ボイル・シャルルの法則より，$P_1V_1/T_1=P_2V_2/T_2$

$V_1=V_2$ であるから

$P_2=P_1T_2/T_1=(0.20+0.10)\times(75+273)/(25+273)$

$\fallingdotseq$0.35 MPa(絶対圧力)

ゲージ圧力は

0.35 MPa(絶対圧力)－0.10 MPa(標準大気圧)＝0.25 MPa

問3 次のイ，ロ，ハの記述のうち，理想気体について正しいものはどれか。 平成27

×イ．温度が一定ならば，一定量の気体の体積は圧力に~~正~~反比例して変わる。

○ロ．圧力が一定ならば，一定量の気体の体積は熱力学温度に正比例して変わる。

×ハ．密閉容器内の気体の温度を20℃から40℃に上昇させると，気体の絶対圧力は20℃における絶対圧力の2.0倍になる。

(1) イ　◎(2) ロ　(3) ハ　(4) イ，ロ　(5) ロ，ハ

$P_1V_1/T_1=P_2V_2/T_2$

ここで題意より $V_1=V_2$

従って $P_1/T_1=P_2/T_2$

$\therefore P_2/P_1=T_2/T_1=(273.15+40)/(273.15+20)=1.07$

丙種化学(特別) 学識

問3 次のイ，ロ，ハの記述のうち，理想気体について正しいものはどれか。 平成30

○イ．圧力が一定ならば，一定量の気体の体積は熱力学温度に正比例して変わる。

×ロ．密閉容器内の気体の温度を10℃（283°K）から50℃（323°K）に上昇させると，気体の絶対圧力は10℃における絶対圧力の~~5~~（1.14）倍になる。 $\frac{323°K}{283°K}=1.14$

○ハ．気体の温度を変化させずに，一定量の気体の体積を1/2に圧縮すると，絶対圧力は2倍になる。

(1) イ　(2) ロ　(3) ハ　(4) イ，ロ　(5) イ，ハ（正解 ◎）

計算問題

2′ 状態方程式

$n=\frac{PV}{RT}$

問3 温度30.0℃で内容積20.0Lの真空の容器に酸素ガスを充てんしたところ，圧力が2.0MPa（ゲージ圧力）となった。およそ何molの酸素ガスが充てんされたかを，理想気体として計算せよ。 平成26

(1) 1.6mol　(2) 15.9mol　(3) 16.7mol（正解 ◎）　(4) 33.4mol
(5) 160mol

理想気体の状態方程式 $PV=nRT$ を変形すると

$n=pV/RT$

題意の値を換算して状態方程式に代入する。

$P=(2.0+0.1013)\times10^6 \fallingdotseq 2.1\times10^6\,\mathrm{Pa}$

$R=8.31\,\mathrm{J/(mol\cdot K)}$

$T=273+30.0=303\,\mathrm{K}$

$V=20.0\,\mathrm{L}=20.0\times10^{-3}\,\mathrm{m^3}$

$n=PV/RT=(2.1\times10^6\times20.0\times10^{-3})/(8.31\times303)\fallingdotseq16.7\,\mathrm{mol}$

この気体の物質量は16.7molになる。

計算問題

3 蒸発熱（顕熱と潜熱）

潜熱，顕熱，気化熱について

問6　標準大気圧下で，温度 25.0℃の水 20.0 kg を 100℃で沸騰させ，すべて気化させるにはおよそ何 MJ の熱が必要であるか。ただし，水の比熱容量は 4.19 kJ/(kg·K)，水の蒸発熱は 2260 kJ/kg とする。 令和 1

(1) 6.29 MJ　(2) 28.9 MJ　(3) 45.2 MJ　④ 51.5 MJ
(5) 53.6 MJ

25.0℃の水を標準大気下で 100℃まで加熱するための顕熱

$20.0 \times 4.19 \times (100 - 25) = 6285$ kJ

100℃の水をすべて水蒸気にするための蒸発熱（潜熱）

$20.0 \times 2260 = 45200$ kJ

したがって，求める熱量は

$6285 + 45200 = 51485$ kg $= 51.485$ MJ ≒ 51.5 MJ

問4　温度 20.0℃の水 10.0 kg を標準大気圧下で沸騰させ，すべて気化させるにはおよそ何 kJ の熱が必要であるか。ただし，水の比熱容量は 4.19 kJ/(kg·K)，水の蒸発熱は 2260 kJ/kg とする。 平成 29

(1) 3350 kJ　(2) 6700 kJ　(3) 11300 kJ　(4) 22600 kJ
⑤ 26000 kJ

20.0℃の水を大気圧下で 100℃まで加熱するための顕熱

$10.0 \times 4.19 \times (100 - 20.0) = 3352$ kJ

100℃の水をすべて水蒸気にするための蒸発熱（潜熱）

$10.0 \times 2260 = 22600$ kJ

したがって，求める熱量は

$3352 + 22600 = 25952$ kJ ≒ 26000 kJ

問5 温度10.0℃の水10.0 kgを標準大気圧下で沸騰させ，すべて気化させるにはおよそ何kJの熱が必要であるか。ただし，水の比熱容量は4.19 kJ/(kg･K)，水の蒸発熱は2260 kJ/kgとする。 平成26

(1) 3800 kJ　(2) 6600 kJ　(3) 13200 kJ　(4) 22600 kJ
⑤ 26400 kJ

水の比熱容量は4.19kJ/(kg･K)より
水10kgを10℃から100℃に上げるのに必要な熱量Q_1は

$$Q_1 = 10\text{kg} \times 4.19\text{kJ/(kg}\cdot\text{K)} \times (373 - 283)\text{K} = 3771\text{kJ}$$

水の蒸発熱は2260kJ/kgより
水10kgを蒸発させるのに必要な熱量Q_2は

$$Q_2 = 10\text{kg} \times 2260\text{kJ/kg} = 22600\text{kJ}$$

以上より，気化に必要な熱量Qは

$$Q = Q_1 + Q_2 = 3771\text{kJ} + 22600\text{kJ} = 26371\text{kJ} \fallingdotseq 26400\text{kJ}$$

潜熱，顕熱，気化熱について（計算問題ではないですが）

問5 次のイ，ロ，ハの記述のうち，潜熱，顕熱，気化熱について正しいものはどれか。 平成28

×イ．物質の相変化のみに使われる熱量を潜熱といい，例として~~燃焼熱~~がある。　燃焼熱は潜熱の例ではなく反応熱の例である。
○ロ．標準大気圧下で水を20℃から60℃まで加熱するのに必要な熱量のような，物質の温度の上下に関係する熱量を顕熱という。
○ハ．液体が気化するためにはエネルギーが必要で，単位質量の液体を気化させるのに必要な熱量を，気化熱あるいは蒸発熱という。

(1) イ　(2) ロ　(3) ハ　(4) イ，ロ　⑤ ロ，ハ

丙種化学（特別） 学識

計算問題

3′ 伝熱速度　$\Phi = kA\dfrac{T_1 - T_2}{L}$

問13　厚さ3cm，外表面積$1\,m^2$の硬質ウレタンフォーム保冷材で作られた箱の中の0℃の氷15kgが溶けて0℃の水になるまでの時間はおよそ何時間か。ただし，箱の外面の温度は各面とも30℃，内面の温度は0℃，氷の融解熱は333kJ/kg，保冷材の熱伝導率は0.025W/(m·K)，すなわち90J/(h·m·K)とする。　平成25

なお，箱は内外面とも同一の表面積で，均一の厚みをもつものとする。

(1) 1.9時間　(2) 19時間　⃝(3) 56時間　(4) 62時間
(5) 168時間

時間当たりの伝熱速度Φ〔W〕は次の式で表せる。$\Phi = kA\dfrac{T_1 - T_2}{L}$

ここで，比例定数kは熱伝導率〔W/(m·K)〕，Aは伝熱面積〔m^2〕
Lは厚さ〔m〕，T_1は高温側温度〔K〕，T_2は低温側温度〔K〕である。
箱の中への伝熱速度は，題意の数値を上式に代入して求められる。

$$\Phi = 0.025 \times 1 \times (30 - 0)/0.03 = 25\,W = 25\,J/s = 90\,kJ/h$$

箱の中の0℃の氷15kgが0℃の水になるのに必要な熱量Qは，題意より

$$Q = 15 \times 333 = 4995\,kJ$$

よって融解する時間tは

$$t = 4995/90 = 55.5 \fallingdotseq 56\text{ 時間}$$

計算問題

4 引張荷重 （引張強さ $\underset{応力}{\sigma}=\frac{F}{A}$，伸び $\lambda=\frac{FL}{AE}$）

引張強さ

問14 直径26 mmの一様な断面をもつ鋼製丸棒に95 kNの引張荷重をかけたとき，丸棒の断面にはおよそ何MPaの応力が生じるか。 令和1

(1) 4.5 MPa　(2) 18 MPa　(3) 45 MPa　(4) 90 MPa
⑤ 180 MPa

$$\underset{応力}{\overset{シグマ}{\sigma}}=\frac{F\ 引張荷重}{A\ 断面積}=\frac{95\times10^3\mathrm{N}}{\pi r^2}=\frac{95\times10^3}{3.14\times0.013^2}=\frac{95\times10^3}{3.14\times0.000169}$$

$$=\frac{95\times10^3}{0.00053066}=179.022349\times10^6\ \mathrm{Pa}$$

問14 直径14.0 mmの一様な断面を持つ，燃鈍した軟鋼の丸棒試験片を用いて引張試験をしたところ，荷重が38.0 kNで試験片は降伏し，64.0 kNで最大荷重となった。この軟鋼の引張強さはおよそ何MPaか。 平成30

(1) 41.6 MPa　(2) 62.0 MPa　(3) 104 MPa　(4) 247 MPa
⑤ 416 MPa

$$\underset{応力}{\overset{シグマ}{\sigma}}=\frac{F\ 引張荷重}{A\ 断面積}=\frac{64\times10^3\mathrm{N}}{\pi\times0.007^2}=\frac{64\times10^3\mathrm{N}}{3.14\times0.000049}$$

$$=\frac{64\times10^3}{0.00015386}=415962\times10^3\ \mathrm{Pa}$$

$$\fallingdotseq 416\ \mathrm{MPa}$$

問 14 直径 48 mm の一様な断面を持つ軟鋼製丸棒に，380 kN の引張荷重をかけたとき，およそ何 MPa の応力を生じるか。 平成 28

(1) 7.9 MPa　(2) 21 MPa　(3) 53 MPa　④ 210 MPa
(5) 530 MPa

$$\underset{\text{応力}}{\sigma}=\frac{F\ \text{引張荷重}}{A\ \text{断面積}}=\frac{380\times10^3}{\pi r^2}=\frac{380\times10^3}{3.14\times0.024^2}$$

$$=\frac{380\times10^3}{3.14\times0.000576}=\frac{380\times10^3}{0.00180864}$$

$$=210{,}102{,}618\,\text{Pa}$$

$$=210\,\text{MPa}$$

問 13 直径 40 mm の一様な断面をもつ軟鋼製丸棒に，100 kN の引張荷重をかけたとき，およそ何 MPa の応力を生じるか。 平成 26

(1) 2.5 MPa　(2) 40 MPa　③ 80 MPa　(4) 250 MPa
(5) 320 MPa

$$\underset{\text{応力}}{\sigma}=\frac{F\ \text{引張荷重}}{A\ \text{断面積}}=\frac{100\times10^3}{\pi r^2}=\frac{100\times10^3}{3.14\times0.02^2}$$

$$=\frac{100\times10^3}{3.14\times0.0004}=\frac{100\times10^3}{12.56\times10^{-4}}=79.6\times10^6\,\text{Pa}$$

$$=79.6\,\text{MPa}$$

問 15 直径 12.0 mm の一様な断面をもつ軟鋼製丸棒試験片を用いて引張試験をしたところ，荷重が 28.0 kN で試験片は降伏し，47.0 kN で最大荷重となった。この丸棒の引張強さはおよそ何 MPa か。 平成 25

(1) 104 MPa　(2) 124 MPa　(3) 208 MPa　(4) 248 MPa
⑤ 416 MPa

$$\underset{\text{応力}}{\sigma}=\frac{F\ \text{引張荷重}}{A\ \text{断面積}}=\frac{47\times10^3}{\pi r^2}=\frac{47\times10^3}{3.14\times0.006^2}$$

$$=\frac{47\times10^3}{3.14\times0.000036}=\frac{47\times10^3}{113.04\times10^{-6}}=415.7\,\text{MPa}$$

伸　び

問 14　長さ5.0m，直径120mmの一様な断面をもつ軟鋼製丸棒に，300kNの引張荷重をかけたとき，およそ何mmの伸びを生じるか。ただし，丸棒の縦弾性係数を210GPaとする。 平成29

(1) 0.016mm　(2) 0.063mm　(3) 0.13mm　(4) 0.16mm
⑸ 0.63mm

$$\sigma_{のび}=\frac{FL}{AE}=\frac{引張荷重\,N\times 長さ\,m}{\underset{\pi r^2}{断面積}\times 縦弾性係数\,Pa}=\frac{300kN\times 5.0m}{3.14\times 0.06^2\times 210\times 10^9\,Pa}$$

$$=\frac{15\times 10^5}{3.14\times 3.6\times 10^{-3}\times 2.1\times 10^{11}}=\frac{15\times 10^5}{23.7384\times 10^8}$$

$$\fallingdotseq 0.63\times 10^{-3}m$$

$$=0.63mm$$

問 14　長さ4.0m，直径100mmの一様な断面をもつ軟鋼製丸棒に，200kNの引張荷重をかけたとき，およそ何mmの伸びを生じるか。ただし，丸棒の縦弾性係数を210GPaとする。 平成27

(1) 0.12mm　⑵ 0.49mm　(3) 1.2mm　(4) 4.9mm
(5) 12mm

$$\sigma_{のび}=\frac{FL}{AE}=\frac{引張荷重\,N\times 長さ\,m}{\underset{\pi r^2}{断面積}\times 縦弾性係数\,Pa}=\frac{200\times 10^3\times 4}{3.14\times 0.05^2\times 210\times 10^9}$$

$$=\frac{8\times 10^5}{3.14\times 0.0025\times 210\times 10^9}=\frac{8\times 10^5}{1.6485\times 10^9}=4.852\times 10^{-4}m$$

$$=0.4852mm$$

計算問題

5 メタン・ブタンの完全燃焼反応式（空気量，濃度）

空気量
平成 30

問7 次の式はメタンが完全燃焼するときの 反応式である。

$$CH_4 + 2O_2 \rightarrow CO_2 + 2H_2O$$

1.0 m^3 の気体のメタンを，上式に従って，理論上完全燃焼させるための最少必要空気量（完全燃焼組成の空気量）はおよそ何 m^3 か。ただし，空気中の酸素濃度は 21 vol%とする。

(1) 2.0 m^3　(2) 2.4 m^3　(3) 4.8 m^3　(4) 9.5 m^3　(5) 14.3 m^3

最少必要酸素量は，$1.0 \times 2 = 2.0 m^3$，最少必要空気量は $2.0/0.21 \fallingdotseq 9.5 m^3$

空気量
平成 27

問7 次の式はブタンが完全燃焼するときの反応式である。

$$C_4H_{10} + \frac{13}{2}O_2 \rightarrow 4CO_2 + 5H_2O$$

1.0 m^3 の気体のブタンを上式に従って，理論上完全燃焼させるための最少必要空気量は，およそ何 m^3 か。ただし，空気中の酸素濃度は 21 vol%とする。

(1) 6.5 m^3　(2) 13 m^3　(3) 15 m^3　(4) 31 m^3　(5) 62 m^3

完全燃焼に必要な酸素量は，$1.0 \times 13/2 = 6.5$

したがって，完全燃焼に必要な最少必要空気量は

$6.5/0.21 = 30.95 \fallingdotseq 31 m^3$

濃度
平成26

問6 次の式は，メタンが完全燃焼するときの反応式である。

$$CH_4+2O_2 \rightarrow CO_2+2H_2O$$

メタンと空気の完全燃焼組成の混合ガスにおいて，混合ガス中のメタンの濃度はおよそいくらになるか。ただし，空気中の酸素含有率21vol%とする。

(1) 4.8vol%　(2) 5.0vol%　◎(3) 9.5vol%　(4) 10.5vol%　(5) 33vol%

題意の完全燃焼の化学反応式より1molのメタンの燃焼には2molの酸素が必要であるため，1molのメタンを完全燃焼させるための理論空気量は　2÷0.21≒9.52molとなる。

よって，空気とメタンの完全燃焼組成中のメタン濃度xは

$$x=\{1/(1+9.52)\}\times100=9.5\text{mol\%}=9.5\text{vol\%}$$

プロパン，プロピレン，ブタンの完全燃焼反応式（係数）

令和1

問7 次の式はプロパンが完全燃焼するときの化学反応式である。
□に入れる数値の組合せ(1)～(5)のうち，正しいものはどれか。

$$C_3H_8+\boxed{\text{イ}}O_2 \rightarrow \boxed{\text{ロ}}CO_2+\boxed{\text{ハ}}H_2O$$

5　3　4

	イ	ロ	ハ
(1)	4	3	2
(2)	$4\frac{1}{2}$	3	3
◎(3)	5	3	4
(4)	5	4	4
(5)	$5\frac{1}{2}$	3	5

Cについて左辺C合計3より　ロは3
Hについて左辺H合計8より　ハは4
以上より左辺の　Oは合計10
よってイは5

問6 次の式はプロピレンが完全燃焼するときの化学反応式である。□に入れる数値の組合せ(1)～(5)のうち，正しいものはどれか。 平成29

C_3H_6 + [イ] O_2 = [ロ] CO_2 + [ハ] H_2O

$4\frac{1}{2}$　　3　　3

	イ	ロ	ハ
◎(1)	$4\frac{1}{2}$	3	3
(2)	5	3	4
(3)	$5\frac{1}{2}$	4	3
(4)	6	3	3
(5)	$6\frac{1}{2}$	5	4

炭素原子Cについて：3＝ロ

水素原子Hについて：6＝2×ハ

酸素原子Oについて：2×イ＝2×ロ＋ハ

これを解くと　イ＝$4\frac{1}{2}$，ロ＝3，ハ＝3

丙種化学(特別) 学識

問7 次の式はブタンが完全燃焼するときの化学反応式である。□に入れる数値の組合せ(1)～(5)のうち，正しいものはどれか。 平成25

$$C_4H_{10} + \boxed{イ}\, O_2 = \boxed{ロ}\, CO_2 + \boxed{ハ}\, H_2O$$

$6\frac{1}{2}$　　4　　5

	イ	ロ	ハ
(1)	3	2	2
(2)	$4\frac{1}{2}$	4	5
◎(3)	$6\frac{1}{2}$	4	5
(4)	9	4	5
(5)	9	4	10

Cについて左辺C合計4よりロは4
Hについて左辺H合計10よりハは5
Oについて右辺O合計13より

イは$6\frac{1}{2}$

3-2 メタノール，アンモニア合成反応の熱化学方程式

問6 次の式はアンモニア合成反応の熱化学方程式である。次のイ，ロ，ハの記述のうち，この反応について正しいものはどれか。 平成30

$$\frac{1}{2}N_2 + \frac{3}{2}H_2 = NH_3 + 45.9\,\mathrm{kJ}$$

発熱反応なので平衡は温度の上昇を和らげる方向である原系側に移動しアンモニアの平衡濃度は低くなる

×イ．一定圧力下で温度を高くすると，アンモニアの平衡濃度は~~高く~~低くなる。

×ロ．一定温度下で圧力を高くすると，アンモニアの平衡濃度は~~低く~~高くなる。

○ハ．アンモニアの合成反応は，発熱反応である。

(1) イ　(2) ロ　◎(3) ハ　(4) イ，ロ　(5) イ，ハ

問5 次の式はメタノール合成反応の熱化学方程式である。次のイ，ロ，ハの記述のうち，この反応について正しいものはどれか。　平成 29

$$CO + 2H_2 = CH_3OH + 91.0\,kJ$$

○イ．一定温度のもとで圧力を低くすると，メタノールの平衡濃度は低くなる。

×ロ．一定圧力のもとで温度を低くすると，メタノールの平衡濃度は低（高）くなる。
平衡は発熱反応の方向である生成系側に移動し，メタノールの平衡濃度が高くなる

○ハ．このメタノールの合成反応は発熱反応である。

(1) イ　(2) ロ　(3) ハ　(4) イ，ロ　(5) イ，ハ

問6 次の式は，アンモニア合成反応の熱化学方程式である。この反応に関する次のイ，ロ，ハの記述のうち，正しいものはどれか。　平成 28

$$\frac{1}{2}N_2 + \frac{3}{2}H_2 = NH_3 + 45.9\,kJ$$

○イ．一定圧力下で温度を低くすると，アンモニアの平衡濃度は高くなる。

○ロ．一定温度下で圧力を低くすると，アンモニアの平衡濃度は低くなる。

×ハ．アンモニアの合成反応は，吸（発）熱反応である。

(1) イ　(2) ロ　(3) ハ　(4) イ，ロ　(5) イ，ハ

問6 次の式はメタノール合成反応の熱化学方程式である。次のイ，ロ，ハの記述のうち，この反応について正しいものはどれか。　平成 27

$$CO + 2H_2 = CH_3OH + 91.0\,kJ$$

×イ．一定圧力下で温度を高くすると，メタノールの平衡濃度は高くなる。
発熱反応なので，一定圧力下で温度を高くすると，平衡は吸熱反応の方向である。原系側に移動する。

○ロ．一定温度下で圧力を高くすると，メタノールの平衡濃度は高くなる。

×ハ．このメタノールの合成反応は，吸熱反応である。

(1) イ　(2) ロ　(3) ハ　(4) イ，ロ　(5) ロ，ハ

熱化学方程式からメタノールの合成反応は，発熱反応である。

問6 次の式はアンモニア合成反応の熱化学方程式である。次のイ，ロ，ハの記述のうち，この反応について正しいものはどれか。 平成25

$$\frac{1}{2}N_2+\frac{3}{2}H_2=NH_3+45.9\,kJ$$

○イ．アンモニアの合成反応は，発熱反応である。

×ロ．温度が一定の場合，圧力を低くするとアンモニアの平衡濃度は高(低)くなる。
反応は原系側に移動するため

×ハ．圧力が一定の場合，温度を高くするとアンモニアの平衡濃度は高(低)くなる。
反応は原系側に移動するため

(1) イ　(2) ロ　(3) ハ　(4) イ，ハ　(5) ロ，ハ

メタノール，アンモニア，合成反応の熱化学方程式のまとめ

1．このメタノール(29, 27)，アンモニア(30, 28, 25)の合成反応は発熱反応である。

＋のkJだから(吸熱反応でない)

2．平衡濃度

一定圧力下で温度を高くすると　平衡濃度は低くなる (30, 27, 25)
　　　　　　　　低くすると　　　　　高くなる (29, 28)

一定温度下で圧力を高くすると　平衡濃度は高くなる (30, 27)
　　　　　　　　低くすると　　　　　低くなる (29, 28, 25)

温度を高くすると温度の変動をやわらげる向きに移動する。
温度を高くすると発熱が少くなるから平衡濃度は低くなる。

3-3 単　位

問1 次のイ，ロ，ハの記述のうち，単位について正しいものはどれか。 令和1

×イ．セルシウス度(℃)で表した温度の数値 t と，ケルビン(K)で表した熱力学温度の数値 T との関係は，$T=t-273.15$ である。 $t=T-273.15$

○ロ．大気圧が 980 hPa のとき，圧力計が 0.245 MPa（ゲージ圧力）を示している貯槽内のガスの絶対圧力は 0.343 MPa である。

×ハ．1ニュートン(N)の力で物体を1メートル(m)動かす仕事が ~~1ワット(W)~~ である。1ジュール（J）

(1) イ　(2) ロ　(3) ハ　(4) イ，ロ　(5) イ，ハ

問1 次のイ，ロ，ハの記述のうち，単位などについて正しいものはどれか。 平成30

○イ．セルシウス温度 27℃を熱力学温度で表すと 300.15 K となる。

×ロ．絶対圧力 p，ゲージ圧力 p_g，大気圧 p_a の関係は，$p=p_a-p_g$ である。 $p=p_a+p_g$ である。

○ハ．1秒(s)当たりに移動（転換など）するエネルギーが1ジュール(J)であるときの仕事率が1ワット(W)である。

(1) イ　(2) ロ　(3) イ，ロ　(4) イ，ハ　(5) ロ，ハ

問1 次のイ，ロ，ハの記述のうち，単位について正しいものはどれか。 平成29

×イ．セルシウス度(℃)で表した温度の数値 t と，ケルビン(K)で表した熱力学温度の数値 T との関係は，$t=T+273.15$ である。 $t=T-273.15$ である。

○ロ．面積1平方メートル(m^2)の面に力1ニュートン(N)が垂直で均一にかかるときの圧力が，1パスカル(Pa)である。

○ハ．1ニュートン(N)の力で物体を1メートル(m)動かす仕事が，1ジュール(J)である。

(1) イ　(2) ロ　(3) ハ　(4) イ，ロ　(5) ロ，ハ

問1 次のイ，ロ，ハの記述のうち，単位について正しいものはどれか。 平成28

○イ．絶対圧力 p，ゲージ圧力 p_g，大気圧 p_a の関係は，$p_g = p - p_a$ である。

○ロ．atm，mmHg，cal などの単位は，SI 単位との併用が認められていない。

×ハ．セルシウス温度 23℃を絶対温度で表すと ~~300K~~ となる。

(1) イ (2) ロ (3) ハ ((4)) イ，ロ (5) イ，ハ

$T = t + 273.15$
$= 23 + 273.15$
$= 296.15K$

問1 次のイ，ロ，ハの記述のうち，単位について正しいものはどれか。 平成27

○イ．セルシウス度で表した温度の数値 t とケルビンで表した熱力学温度の数値 T との関係は，$t = T - 273.15$ である。

○ロ．圧力 100000 Pa は，0.1 MPa と表すこともできる。

×ハ．1 kW の電熱線ヒータを使って 1 分間の加熱を行うと，~~1kJ~~ の熱量が発生する。1kW＝1kJ/s なので 1kJ/s×60s＝60kJ

(1) イ (2) ロ (3) ハ ((4)) イ，ロ (5) イ，ハ

問1 次のイ，ロ，ハの記述のうち，単位について正しいものはどれか。 平成26

33.55＋273.15＝306.7K

×イ．33.55 ℃は，絶対温度で表すと 316.75 K である。

○ロ．面積 1 平方メートル (m^2) の面に力 1 ニュートン (N) が垂直で均一にかかるときの圧力が 1 パスカル (Pa) である。

×ハ．1 ニュートン (N) の力で物体を 1 メートル (m) 動かす仕事が 1 ~~ワット~~ (W) である。1J＝1N･m W は仕事率の単位で，1 秒当たりのエネルギーが 1J の場合の仕事率が事率が 1W である。

(1) イ ((2)) ロ (3) ハ (4) イ，ロ (5) ロ，ハ

問１ 次のイ，ロ，ハの記述のうち，単位について正しいものはどれか。 平成25

×イ．ケルビンでの温度差 ΔT〔K〕と，セルシウス度での温度差 Δt〔℃〕との関係は，$\Delta T = \Delta t + 273.15$ である。$\Delta T = \Delta t$ である。

×ロ．絶対圧力 p とゲージ圧力 p_g の関係は，大気圧を p_a とすると，$p = p_g - p_a$ である。$p = p_g + p_a$

○ハ．1秒(s)当たりのエネルギー量が1ジュール(J)であるときの仕事率が1ワット(W)である。

(1) イ　(2) ロ　(3) ハ　(4) イ，ロ　(5) ロ，ハ

3-4 物質と分子，ガスの密度

物質と分子

問２ 次のイ，ロ，ハの記述のうち，物質と分子などについて正しいものはどれか。 平成30

×イ．メタンは単体（化合物）であり，アルゴンは化合物（単体）である。

○ロ．ヘリウムは単原子分子であり，酸素は2原子分子である。

○ハ．1 mol の物質には，6.02×10^{23} 個の基本粒子（原子，分子，イオンなど）が含まれる。この数をアボガドロ定数という。

(1) イ　(2) ロ　(3) ハ　(4) イ，ロ　(5) ロ，ハ

問２ 次のイ，ロ，ハの記述のうち，物質と分子について正しいものはどれか。 平成28

○イ．化学変化の前後において，物質の総量（質量）は変わらない。これを質量保存の法則という。

×ロ．水素や窒素は2原子分子であり，メタンは単原子分子である。メタン（CH_4）は5原子分子（多原子分子）

○ハ．アボガドロの法則によれば，すべての気体において，同じ温度，同じ圧力のもとで，同じ体積中に含まれる分子の数は常に同じである。

(1) イ　(2) ロ　(3) ハ　(4) イ，ロ　(5) イ，ハ

問2 次のイ，ロ，ハの記述のうち，物質，分子などについて正しいものはどれか。 平成 26

×イ．酸素および~~プロパン~~は単体であり，二酸化炭素および~~塩素~~単体は化合物である。プロパンは2種類の元素からできているため化合物である。

○ロ．アルゴンおよびヘリウムは単一の原子から分子ができており，単原子分子といわれる。

○ハ．アボガドロの法則は，「すべての気体 1 mol は標準状態でおよそ 22.4 L の体積を占める」といい表せる。

(1) イ　(2) ロ　(3) ハ　(4) イ，ロ　(5) ロ，ハ

ガスの密度

問8 次のイ，ロ，ハ，ニのガスについて，標準状態（0℃，標準大気圧）における密度の小さいものから大きいものへ左から順に正しく並べてあるものはどれか。 平成 29

イ．酸素　32/22.4＝1.43 g/l

ロ．アンモニア　17/22.4＝0.76 g/l

ハ．プロパン　44/22.4＝1.96 g/l

ニ．水素　2/22.4＝0.09 g/l

(1) ロ＜ニ＜イ＜ハ　(2) ロ＜ニ＜ハ＜イ　(3) ニ＜イ＜ロ＜ハ

(4) ニ＜ロ＜イ＜ハ　(5) ニ＜ハ＜ロ＜イ

3-5 状態図，状態変化

状態図

問4　下の図は，ある物質の圧力，温度による固相，液相，気相の状態変化を表した状態図である。次のイ，ロ，ハ，ニの記述のうち正しいものはどれか。 平成30

×イ．圧力を p_1 で一定のまま温度を上げていくと，点1で液体（固体）から気体（液体）へと変化する。この点1を沸点（融点）という。

×ロ．点2における温度は，圧力 p_1 における融点（沸点）である。

○ハ．曲線OAを横切って固体から気体になる現象を昇華という。

×ニ．液体から気体になる現象を気化といい，逆に気体から液体になる現象を凝固（凝縮）という。

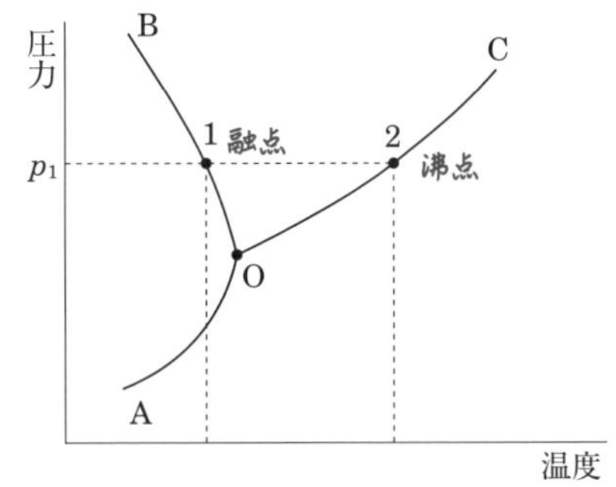

(1) イ　(2) ロ　(3) ハ　(4) ニ　(5) ハ，ニ

問4　下の図は，ある物質の状態図である。次のイ，ロ，ハ，ニの記述のうち，状態図について正しいものはどれか。　平成 28

×イ．曲線 OC は，~~昇華~~曲線である。蒸発曲線である。

○ロ．点 1 における温度は，圧力 p_0 における融点である。

×ハ．点 2 では，物質は~~気体~~液体の状態である。

○ニ．点 O では，固相，液相，気相が平衡を保って同時に存在する。

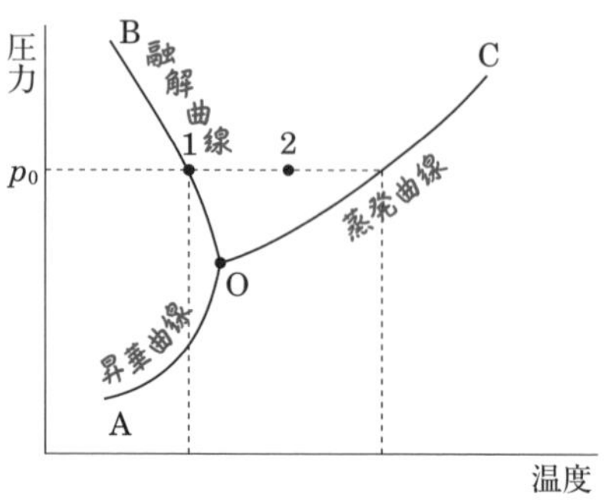

(1) イ　(2) ロ　(3) イ，ハ　④ ロ，ニ　(5) ハ，ニ

問４ 下の図は，ある物質の圧力，温度による固相，液相，気相の状態変化を表した状態図である。次のイ，ロ，ハ，ニの記述のうち，正しいものはどれか。 平成26

×イ．曲線 OA は，~~融解~~曲線である。（昇華曲線）融解曲線は OB である。

×ロ．曲線 OB を横切って固体から液体になる現象を~~凝固~~（融解）という。液体から固体になる現象を凝固という。

○ハ．曲線 OC 上にある点１の温度は，圧力 p_0 における沸点である。

×ニ．点 O は，３相が平衡を保って同時に存在する点で~~昇華点~~（三重点）という。

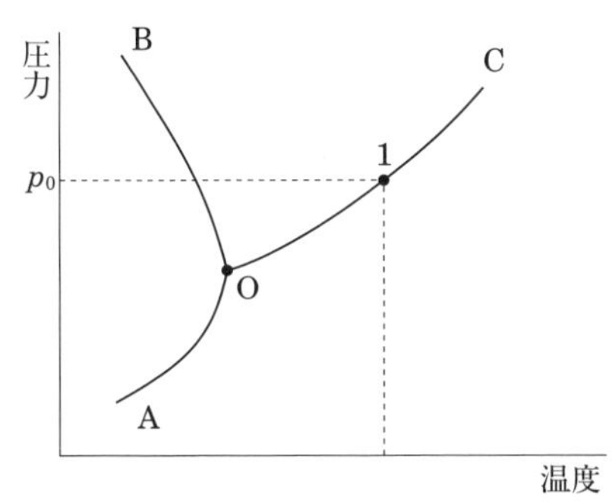

(1) イ　(2) ロ　(3) ハ　(4) ニ　(5) ロ，ハ

問４ 下の図はある物質の 状態図 である。次のイ，ロ，ハ，ニの記述のうち，状態図について正しいものはどれか。 平成 25

○イ．曲線 OC は，蒸発曲線である。

×ロ．点 1 における温度は，圧力 p_0 における~~沸点~~融点である。

×ハ．点 2 では，物体は~~気体~~固体の状態である。

○ニ．点 O は，三重点である。

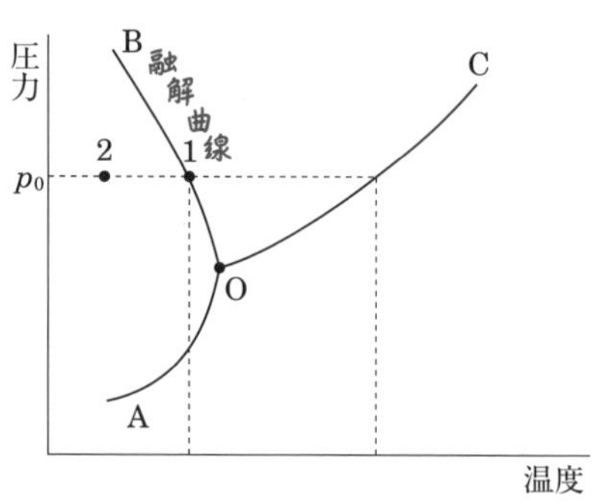

(1) イ，ロ　　(2) イ，ニ　　(3) ロ，ハ　　(4) ロ，ニ　　(5) ハ，ニ

状態変化

問４ 次のイ，ロ，ハの記述のうち，純物質の 状態変化 について正しいものはどれか。 令和 1

×イ．ある物質の~~体積~~圧力，温度による固相，液相，気相間の状態変化を表した図を状態図という。

○ロ．固体から液体になる現象を融解といい，固体から気体になる現象を昇華という。

×ハ．固相と液相，固相と気相，液相と気相の 2 相が平衡を保って同時に存在することはあるが，固相，液相，気相の 3 相が平衡を保って同時に存在すること~~はない~~もありこの点を三重点という。

(1) イ　　(2) ロ　　(3) ハ　　(4) イ，ロ　　(5) ロ，ハ

問4 次のイ，ロ，ハ，ニの記述のうち，純物質の状態変化について正しいものはどれか。 平成27

○イ．ある物質の圧力，温度による固相，液相，気相間の状態変化を表した図を状態図という。

○ロ．固相，液相，気相が，平衡を保って同時に存在するを三重点という。

×ハ．固体が液体になる現象を~~凝固~~融解という。

×ニ．液体から気体になる現象を気化といい，逆に気体から液体になる現象を~~昇華~~凝縮という。

(1) イ，ロ　(2) イ，ニ　(3) ロ，ハ　(4) ロ，ニ

(5) ハ，ニ

3-6 爆発限界

問7 次のイ，ロ，ハの可燃性ガスについて，爆発下限界（常温，標準大気圧，空気中）の値および最小発火エネルギーの最低値（常温，標準大気圧，空気中）を，それぞれ大きいものから小さいものへ左から順に正しく並べてあるものはどれか。 平成29

	爆発下限界の値	最小発火エネルギーの最低値
イ．水素	4.0vol%	1.6×10^{-5}J
ロ．アンモニア	15.0vol%	1400×10^{-5}J
ハ．ブタン	1.8vol%	25×10^{-5}J

	爆発下限界の値	最小発火エネルギーの最低値
(1)	イ＞ロ＞ハ	イ＞ロ＞ハ
(2)	イ＞ロ＞ハ	ロ＞ハ＞イ
(3)	ロ＞イ＞ハ	ハ＞ロ＞イ
(4)	ロ＞イ＞ハ	ロ＞ハ＞イ
(5)	ハ＞ロ＞イ	ロ＞イ＞ハ

問8 次の可燃性ガスa，b，c，dの爆発限界(常温，標準大気圧，空気中)を測定したところ①，②，③，④の測定値を得た。可燃性ガスと爆発限界の測定値の組合せとして正しいものはどれか。 平成27

[可燃性ガス]

a. メタン ②
b. プロパン ④
c. 一酸化炭素 ③
d. 水素 ①

[爆発限界の測定値(常温，標準大気圧，空気中)]

① 下限界 4.0 vol%，上限界 75 vol%
② 下限界 5.0 vol%，上限界 15 vol%
③ 下限界 12.5 vol%，上限界 74 vol%
④ 下限界 2.1 vol%，上限界 9.5 vol%

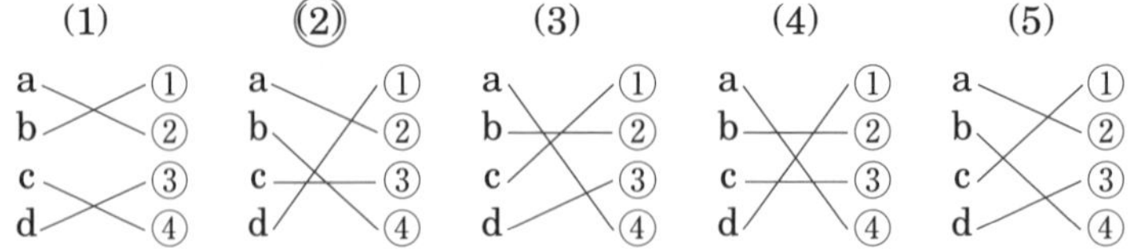

問8 次のイ，ロ，ハの可燃性気体について，最小発火エネルギーの最低値（常温，大気圧，空気中）および爆発下限界（常温，大気圧，空気中）の値を，それぞれ大きいものから小さいものへ左から順に正しく並べてあるものはどれか。 平成 25

イ．アンモニア　1400×10^{-5}J　15.0vol%

ロ．プロパン　25×10^{-5}J　2.1vol%

ハ．水素　1.6×10^{-5}J　4.0vol%

	最小発火エネルギーの最低値	爆発下限界の値
(1)	イ＞ロ＞ハ	イ＞ロ＞ハ
(2)	イ＞ロ＞ハ	イ＞ハ＞ロ
(3)	ロ＞イ＞ハ	イ＞ロ＞ハ
(4)	ロ＞ハ＞イ	ハ＞ロ＞イ
(5)	ハ＞イ＞ロ	イ＞ハ＞ロ

3-7 最小発火エネルギー，燃焼・爆発

最小発火エネルギー

問8 次のイ，ロ，ハの可燃性ガスについて，最小発火エネルギーの最低値（常温，標準大気圧，空気中）を，大きいものから小さいものへ左から順に正しく並べてあるものはどれか。 令和 1

イ．水素 1.6　ロ．アンモニア 1,400　ハ．メタン 28　単位 10^{-5}J

(1) イ＞ロ＞ハ　(2) ロ＞イ＞ハ　(3) ロ＞ハ＞イ

(4) ハ＞イ＞ロ　(5) ハ＞ロ＞イ

丙種化学(特別) 学識

燃焼・爆発

問8 次のイ，ロ，ハの記述のうち，燃焼・爆発について正しいものはどれか。 平成30

×イ．一般に，温度の上昇とともに爆発下限界は~~上昇~~低下する。

○ロ．可燃性混合ガスに不活性ガスを添加して，酵素濃度を限界酸素濃度よりも低く保っている状態では，可燃性ガスの濃度が高くなっても混合ガスは爆発範囲に入らない。

○ハ．爆発範囲内にある可燃性混合ガスを発火させるのに必要な最小のエネルギーを最小発火エネルギーという。

(1) イ　(2) ハ　(3) イ，ロ　(4) イ，ハ　**(5)** ロ，ハ

問7 次のイ，ロ，ハの記述のうち，燃焼・爆発について正しいものはどれか。 平成28

×イ．プロパンの最小発火エネルギーの最低値（常温，標準大気圧，空気中）は，水素のそれよりも小さい。

プロパン　25×10^{-5}J
水素　1.6×10^{-5}J

×ロ．アンモニアの爆発下限界（常温，標準大気圧，空気中）は，メタンのそれよりも小さい。

アンモニア　15vol%
メタン　5.0vol

○ハ．不活性ガスを添加して，酸素濃度を限界酸素濃度の値よりも小さくしておけば，可燃性ガスの濃度が高くなっても，混合ガスは爆発範囲に入らない。

(1) イ　(2) ロ　**(3)** ハ　(4) イ，ロ　(5) イ，ハ

問7 次のイ，ロ，ハの記述のうち，燃焼・爆発について正しいものはどれか。 平成26

25×10^{-5}J

×イ．エタンの最小発火エネルギーの最低値（常温，標準大気圧，空気中）は，アンモニアのそれよりも~~大きい~~。小さい

1400×10^{-5}J

○ロ．ブタンの爆発下限界の値（常温，標準大気圧，空気中）は，メタンのそれよりも小さい。

1.8vol%　5.0vol%

○ハ．支燃性ガスが酸素の場合には，支燃性ガスが空気の場合よりも爆発範囲は広くなる。

(1) イ　(2) ロ　(3) ハ　(4) イ，ロ　(5) ロ，ハ

3-8 沸点順，飽和蒸気圧と沸点，沸点温度比較，臨界温度順

沸点順

問9 次のイ，ロ，ハの物質について，標準大気圧下における沸点の高いものから低いものへ左から順に正しく並べてあるものはどれか。 令和1

イ．窒素 ＞ ロ．水素 ＞ ハ．ヘリウム

(1) イ＞ロ＞ハ　(2) イ＞ハ＞ロ　(3) ロ＞イ＞ハ

(4) ロ＞ハ＞イ　(5) ハ＞ロ＞イ

問3 次のイ，ロ，ハ，ニの物質について，沸点（標準大気圧下）の高いものから低いものへ左から順に正しく並べてあるものはどれか。 平成29

イ．メタン　−161.5℃

ロ．ヘリウム　−268.9℃

ハ．水素　−252.9℃

ニ．窒素　−195.8℃

(1) イ＞ニ＞ロ＞ハ　(2) イ＞ニ＞ハ＞ロ　(3) ロ＞ニ＞イ＞ハ

(4) ハ＞イ＞ニ＞ロ　(5) ニ＞イ＞ロ＞ハ

問8 次のイ，ロ，ハ，ニの物質について，沸点（標準大気圧下）の高いものから低いものへ左から順に正しく並べてあるものはどれか。 平成28

イ．ブタン　－0.5℃
ロ．プロパン　－42.1℃
ハ．窒素　－195.8℃
ニ．酸素　－183.0℃

(1) イ＞ロ＞ハ＞ニ　◎(2) イ＞ロ＞ニ＞ハ　(3) ロ＞イ＞ハ＞ニ
(4) ロ＞イ＞ニ＞ハ　(5) ハ＞ニ＞ロ＞イ

問8 次のイ，ロ，ハ，ニの物質について，沸点（標準大気圧下）の高いものから低いものへ左から順に正しく並べてあるものはどれか。 平成26

イ．アルゴン　－185.9℃
ロ．酸素　－183.0℃
ハ．窒素　－195.8℃
ニ．ヘリウム　－268.9℃

(1) イ＞ニ＞ロ＞ハ　◎(2) ロ＞イ＞ハ＞ニ　(3) ロ＞ハ＞イ＞ニ
(4) ハ＞イ＞ロ＞ニ　(5) ニ＞イ＞ハ＞ロ

問5 次のイ，ロ，ハ，ニの物質について，沸点（標準大気圧下）の高いものから低いものへ左から順に正しく並べてあるものはどれか。 平成25

イ．酸素　－183.0℃
ロ．ヘリウム　－268.9℃
ハ．プロパン　－42.1℃
ニ．アンモニア　－33.4℃

(1) イ＞ロ＞ハ＞ニ　(2) ロ＞イ＞ハ＞ニ　(3) ハ＞イ＞ニ＞ロ
◎(4) ニ＞ハ＞イ＞ロ　(5) ニ＞ハ＞ロ＞イ

飽和蒸気圧と沸点

問5 次のイ，ロ，ハの記述のうち，純物質の飽和蒸気圧および沸点について正しいものはどれか。 令和1

×イ．同一物質の飽和蒸気圧は，温度が一定であ~~っても~~（れば），液量の多少により変化~~する~~（しない）。

○ロ．標準大気圧における沸点は，プロパンよりエチレンのほうが低い。

×ハ．液体が沸騰を開始する温度を沸点といい，沸点は液面に加わる圧力に~~は関係なく一定である~~（よって変化し，圧力が高くなると沸点は上昇し，圧力が低くなると沸点は低下する）。

(1) イ　(2) ロ　(3) ハ　(4) イ，ロ　(5) ロ，ハ

問5 次のイ，ロ，ハ，ニの記述のうち，純物質の飽和蒸気圧と沸点について正しいものはどれか。 平成30

×イ．同一物質の飽和蒸気圧は，温度が一定ならば，~~液量が多くなるとともに高くなる~~（液量の多少にかかわらず一定である）。

○ロ．同一物質の飽和蒸気圧は，温度の上昇とともに高くなる。

○ハ．気体と液体が平衡状態にあるときの気体を飽和蒸気といい，このときの蒸気が示す圧力をその温度における飽和蒸気圧という。

○ニ　沸点は，液体の飽和蒸気圧が液面上の全圧に等しくなる温度である。

(1) イ，ロ　(2) ロ，ハ　(3) ハ，ニ　(4) イ，ハ，ニ　(5) ロ，ハ，ニ

問5 次のイ，ロ，ハの記述のうち，純物質の飽和蒸気圧と沸点について正しいものはどれか。 平成27

×イ．純物質の飽和蒸気圧は，温度が一定で~~あっても，液量の多少によって変化する~~（あれば液量の多少にかかわらず一定である）。

×ロ．標準大気圧における沸点は，メタン（−161.5℃）よりプロパン（−42.1℃）のほうが~~低い~~（高い）。

○ハ．沸点は，液体の飽和蒸気圧が液面上の全圧に等しくなる温度である。

(1) イ　(2) ロ　(3) ハ　(4) イ，ハ，　(5) ロ，ハ

沸点温度比較

問9 次のイ，ロ，ハ，ニの物質について，標準大気圧下における沸点が−50℃以下であるものはどれか。 平成30

○イ．エチレン　−103.7℃
×ロ．アンモニア　−33.4℃
○ハ．酸素　−183.0℃
×ニ．ブタン　−0.5℃

(1) イ，ロ　◎(2) イ，ハ　(3) ロ，ハ　(4) ハ，ニ
(5) イ，ハ，ニ

臨界温度順

問3 次のイ，ロ，ハの物質について，臨界温度の高いものから低いものへ左から順に正しく並べてあるものはどれか。 平成25

イ．二酸化炭素　31.1℃
ロ．窒素　−147℃
ハ．水　374.1℃

(1) イ>ロ>ハ　(2) イ>ハ>ロ　(3) ロ>イ>ハ
(4) ロ>ハ>イ　◎(5) ハ>イ>ロ

3-9 ガスの性質，不燃性ガスの性質

ガスの性質

問10 次のイ，ロ，ハ，ニの記述のうち，ガスの性質について正しいものはどれか。 令和1

○イ．液化アンモニアは，ハロゲンや強酸などと接触すると激しく反応し，発火爆発することもある。

○ロ．アセチレンは可燃性のガスで，酸素中で燃焼させると高温の火炎になるので，溶接や溶断に使用される。

×ハ．塩素と~~酸素~~水素の体積比が~~2：1~~1:1の混合ガスは塩素爆鳴気と呼ばれ，着火などにより爆発的に反応する。

○ニ．二酸化炭素は不燃性であり，大気圧では低温にしても液化することはなく，直接固体になる。

(1) イ，ロ (2) ロ，ハ (3) ハ，ニ (4) イ，ロ，ニ
(5) イ，ハ，ニ

問9 次のイ，ロ，ハ，ニの記述のうち，ガスの性質について正しいものはどれか。 平成29

×イ．塩素は酸化力が強く可燃性物質に対して支燃性を示し，塩素と水素の体積比が~~2：1~~1：1の混合ガスは~~水素爆鳴気~~塩素爆鳴気と呼ばれ，爆発的に反応する。

○ロ．メタンは有機物の腐敗や分解に伴って発生するガスで，空気より軽く，無色，無臭，無毒の可燃性のガスである。

×ハ．~~二酸化炭素~~一酸化炭素は無色，無臭のガスで，極めて還元性が強く，金属の酸化物を還元して単体金属に変える。

○ニ．アルシンはヒ素の水素化物であり，にらのような不快臭をもち，極めて毒性の強い無色の可燃性ガスである。

(1) イ，ロ (2) イ，ハ (3) ロ，ハ (4) ロ，ニ
(5) ハ，ニ

問９ 次のイ，ロ，ハ，ニの記述のうち，ガスの性質について正しいものはどれか。 平成28

×イ．ヘリウムは，無色，無臭の不燃性ガスで，その沸点は標準大気圧下で－269℃であり，~~水素に次いで２番目~~最もに沸点が低い。水素 －252.9℃

○ロ．水素は，無色，無臭の可燃性ガスで，塩素との混合ガスは，光により反応が開始され，激しく爆発することがある。

○ハ．一酸化炭素は，毒性の強い可燃性ガスで，常温，標準大気圧での空気中の爆発範囲は，およそ12.5～74.0 vol％である。

×ニ．ハイドロフルオロカーボンは，脂肪族炭化水素の一部の水素をフッ素~~と塩素~~で置換したもので，オゾン層破壊の一因とされている。

(1) イ，ハ (2) イ，ニ (3) ロ，ハ (4) ロ，ニ (5) ロ，ハ，ニ

問９ 次のイ，ロ，ハ，ニの記述のうち，ガスの性質について正しいものはどれか。 平成27

○イ．水素は，還元性の強いガスで，高温で金属の酸化物や塩化物を還元して金属を遊離させる。

○ロ．プロパンおよびブタンは，無色，無臭の可燃性ガスで，ガス密度が空気より大きいため，漏えいした場合は低所に滞留しやすい。

×ハ．塩素は，激しい刺激臭を有するガスで，酸化力が強いので可燃性物質に対する支燃性~~はない~~を示す。

×ニ．二酸化炭素は，不燃性であって燃焼に関与せず，また水分が存在していたら一部が炭酸となり弱酸性を示し~~ても~~鋼材を腐食させる~~ことはない~~。

(1) イ，ロ (2) イ，ハ (3) イ，ニ (4) ロ，ハ (5) ロ，ニ

問9 次のイ，ロ，ハ，ニの記述のうち，ガスの性質について正しいものはどれか。 平成26

○イ．水素は，拡散速度が最も大きいガスであり，常温，標準大気圧における空気中の最小発火エネルギーが小さく静電気放電などで容易に発火する危険性が高い。

○ロ．プロパンおよびブタンは，いずれも無色，無臭であり，空気よりも重く，標準大気圧における沸点は，プロパンのほうがブタンよりも低い。

×ハ．一酸化炭素は，無色，無臭で毒性のある可燃性ガスであり，常温，標準大気圧の空気中での爆発範囲はおよそ~~2～10 vol%~~ 12.5～74 vol% である。

×ニ．フルオロカーボンは，常温，標準大気圧の空気中では一般的に不燃性であり，火災などで加熱され~~ても有害な分解物の発生はない~~ ると分解して有素なフッ化水素や塩化水素（塩化を含む場合）を発生する。

(1) イ，ロ　(2) ロ，ハ　(3) ハ，ニ　(4) イ，ロ，ニ
(5) イ，ハ，ニ

問10 次のイ，ロ，ハ，ニの記述のうち，ガスの性質について正しいものはどれか。 平成25

○イ．アセチレンは，可燃性のガスで，酸素との組合せで燃焼させると高温の火炎が形成され，溶接，溶断に使用される。

×ロ．一酸化炭素は，毒性の強いガスであるが，~~強い臭気があり，濃度が20 ppm以上あれば覚知できることが多い~~。無色，無臭である。

×ハ．アルシンは，~~無臭のガスで毒性がなく~~，不快臭をもつガスで極めて毒性が強く，その許容濃度は0.005ppmと極めて低く，半導体の製造などに使用される。

○ニ．酸素は強い支燃性ガスであり，酸素中に赤熱した鉄を入れると鉄が激しく燃焼する。

(1) イ，ロ　(2) イ，ハ　(3) イ，ニ　(4) ロ，ニ
(5) ハ，ニ

不燃性ガスの性質

問9 次のイ，ロ，ハ，ニの記述のうち，不燃性ガスの性質について正しいものはどれか。 平成25

○イ．窒素は，沸点（標準大気圧下）が－196℃で，常温付近では不活性なガスである。

×ロ．二酸化炭素は，空気中に~~21%~~ 0.03% 含まれており，水によく溶解し，液化二酸化炭素からはドライアイスが得られる。

○ハ．希ガスは，ヘリウム，ネオン，アルゴン，クリプトン，キセノンおよびラドンの総称で，化学的に極めて不活性なガスである。

×ニ．ヘリウムは，水素よりも~~軽い~~ 重い ガスで，気球用のガスとしても使われる。

(1) イ　(2) イ，ロ　(3) イ，ハ（○）　(4) ロ，ニ　(5) ハ，ニ

3-10 ガスの工業的製造方法

問11 次のイ，ロ，ハ，ニの記述のうち，現在の我が国でのガスの主な工業的製造方法について正しいものはどれか。 令和1

×イ．アセチレンは，~~炭化水素の水蒸気改質法~~ カルシウムカーバイトと水の反応を利用する方法 により製造されている。

○ロ．窒素は，空気の液化分離法や吸着分離法（PSA法）により製造されている。

×ハ．アンモニアは，化学平衡的に有利な~~低~~ 高 い圧力下で，窒素と水素の~~吸~~ 発 熱反応により製造されている。

×ニ．一酸化炭素は，~~炭酸ガス（二酸化炭素）を水素で直接還元することにより~~ 石油又は石炭をガス化して得られる水性ガスおよび製鉄所からの副生ガスから回収する方法で 製造されている。

(1) イ　(2) ロ（○）　(3) ハ　(4) ニ　(5) ロ，ニ

問10 次のイ，ロ，ハ，ニの記述のうち，各ガスと現在の我が国での工業的な製造方法の組合せについて正しいものはどれか。 平成30

○イ．アルゴン—空気液化分離法

×ロ．エチレン—~~カルシウムカーバイト法~~ 炭化水素の熱分解で行われている。

○ハ．窒素—圧力スイング吸着法（PSA法）

×ニ．塩素—~~食塩の熱分解法~~ 食塩水の電気分解で行われている。

(1) イ，ロ　(2) イ，ハ　(3) イ，ニ　(4) ロ，ハ

(5) ハ，ニ

問10 次のイ，ロ，ハ，ニの記述のうち，現在の我が国でのガスの主な工業的製造方法について正しいものはどれか。 平成29

○イ．エチレンは，炭化水素の熱分解などにより製造され，原料の炭化水素は，主としてナフサが使われる。

×ロ．酸素は，~~膜分離法~~で空気を原料として製造されている。 主に空気の液化分離法によって製造される。

○ハ．アンモニアは，酸化鉄を主体とした混合触媒を使い，窒素と水素から製造されている。

○ニ．塩素は食塩水の電気分解により製造されている。

(1) イ，ロ　(2) ハ，ニ　(3) イ，ロ，ハ　(4) イ，ハ，ニ

(5) ロ，ハ，ニ

問10 次のイ，ロ，ハ，ニの記述のうち，現在の我が国でのガスの工業的製造方法について正しいものはどれか。 平成28

×イ．エチレン（アセチレン）は，カルシウムカーバイドと水を反応させるカーバイド法で製造されている。エチレンは，主に，炭化水素の熱分解により製造されている。

○ロ．空気液化分離法は，空気を低温で液化し，酸素，窒素，アルゴンなどの蒸気圧が異なることを利用して蒸留法で分離する方法である。

○ハ．水素は，炭化水素に高温で水蒸気を反応させる水蒸気改質法などで製造されている。

○ニ．一酸化炭素は，製鉄所の副生ガスから回収する方法などで製造されている。

(1) イ，ロ　(2) イ，ハ　(3) ロ，ハ　(4) イ，ロ，ニ　⑸ ロ，ハ，ニ

問10 次のイ，ロ，ハ，ニの記述のうち，我が国でのガスの工業的製造方法について正しいものはどれか。 平成27

×イ．塩素は，食塩の熱分解（電気分解）により製造されている。

○ロ．アセチレンは，カルシウムカーバイドと水の反応を利用することにより製造されている。

×ハ．空気液化分離法では，空気を低温で液化し，酸素，窒素などの比重が異なること（揮発性の違い（沸点の違いと考えてよい））を利用して酸素，窒素などを分離し製造している。

○ニ．二酸化炭素は，主に石油，石炭から水素製造する際の副産物として多量に回収されている。

(1) イ，ロ　(2) イ，ニ　(3) ロ，ハ　⑷ ロ，ニ　(5) ハ，ニ

問 10 次のイ，ロ，ハ，ニの記述のうち，現在の我が国でのガスの工業的製造方法について正しいものはどれか。 平成 26

○イ．アンモニアは，窒素と水素から製造されているが，このアンモニア合成は圧力が高いほうが化学平衡的に有利である。

○ロ．塩素は，食塩水の電気分解により製造され，イオン交換膜法が採用されている。

×ハ．窒素は，空気の液化分離法，吸着分離法（PSA 法），その他の方法により製造されているが，吸着分離法に比較し液化分離法のほうが~~小規模の装置~~に適している。液化分離法は吸着分離法と比較すると大規模な装置であり生産料も多い。

×ニ．エチレンは，~~炭化水素の水蒸気改質法~~により製造されている。
工業的に炭化水素を熱分解し，その後急冷，圧縮，精製により製造される。

(1) イ　(2) イ，ロ　(3) ロ，ハ　(4) ロ，ニ　(5) ハ，ニ

問 11 次のイ，ロ，ハ，ニの記述のうち，現在の我が国でのガスの工業的製造方法について正しいものはどれか。 平成 25

×イ．アセチレンは，~~空気の液化分離~~によって製造されている。
カルシウムカーバイドと水を反応させる方法などにより製造されている。

○ロ．塩素は，食塩水の電気分解によってカセイソーダなどと併産されている。

○ハ．一酸化炭素は，製鉄所の副生ガスから回収する方法などで製造されている。

×ニ．エチレンは，~~酸素と水素から製造され，水素源に使う原料により各種の製造プロセスがある~~。
炭化水素の熱分解により製造され，原料にはナフサなどが使用される。

(1) イ，ロ　(2) イ，ハ　(3) ロ，ハ　(4) ロ，ニ

(5) ハ，ニ

3-11 円管内の流れ

令和 1

問 12 次のイ，ロ，ハ，ニの記述のうち，円管内の流れについて正しいものはどれか。

×イ．円管内の流速を上げていくと，流れの状態は~~乱~~（層）流から~~層~~（乱）流に変わっていく。

○ロ．同一管内で流れが乱流のとき，管摩擦係数が一定であれば，平均流速が 2 倍になると圧力損失はおよそ 4 倍になる。

○ハ．レイノルズ数が 8000 のときは，流れは乱流である。

○ニ．管路に急激に拡大，縮小する部分があると，管路の拡大，縮小によるエネルギー損失が起こる。

(1) イ，ロ　(2) イ，ニ　(3) ロ，ハ　(4) イ，ハ，ニ

(5)（丸囲み） ロ，ハ，ニ

平成 30

問 11 次のイ，ロ，ハ，ニの記述のうち，円管内の流れについて正しいものはどれか。

○イ．流れの状態が乱流である場合，平均流速が 2 倍になると，管摩擦係数を一定とすれば摩擦によるエネルギー損失は 4 倍になる。

○ロ．一般的に，流体輸送は乱流域で行われるが，油や高分子溶液など粘度の高い液体では，層流状態で輸送されることが多い。

×ハ．レイノルズ数は，管の内径，流体の平均流速，密度，~~表面張力~~（粘度）を用いて求められる。

×ニ．レイノルズ数が 7000 である流れは~~層流~~（乱流）である。

(1)（丸囲み） イ，ロ　(2) イ，ハ　(3) イ，ニ　(4) ロ，ニ

(5) ハ，ニ

Re<2100 で層流，Re>4000 で乱流であるから

丙種化学（特別） 学識

問 11 次のイ，ロ，ハ，ニの記述のうち，円管内の流れについて正しいものはどれか。 平成 29

×イ．円管内の流速を上げていくと，流れの状態は~~乱流~~（層流）から~~層流~~（乱流）に変わっていく。

○ロ．円管内を流れる流体の摩擦によるエネルギー損失は，乱流ではファニングの式で求められる。

×ハ．円管内の流れが乱流で管摩擦係数が一定のとき，摩擦による圧力損失は平均流速の二乗に比例し，管径に~~よらない~~。に反比例する。

○ニ．流れによるエネルギーの損失は，管路断面が急激に縮小したり拡大する場合にも起こる。

(1) イ，ロ　(2) ロ，ニ　(3) ハ，ニ　(4) イ，ロ，ニ
(5) ロ，ハ，ニ

問 11 次のイ，ロ，ハ，ニの記述のうち，円管内の流れについて正しいものはどれか。 平成 28

×イ．圧力損失は，管内壁面が粗くなると~~小さく~~（大きく）なる。

○ロ．層流では流体の各部が管壁に平行に流れ，乱流では流れの各部が不規則な方向に互いに入り乱れながら流れる。

○ハ．管の内径，平均流速，流体の密度と粘度を用いて求められるレイノルズ数により，乱流や層流など，流れの状態がおおよそ把握できる。

×ニ．流れの状態が乱流の場合，同一管における平均流速が 2 倍になると，圧力損失もおよそ ~~2~~（4）倍になる。

(1) イ，ハ　(2) ロ，ハ　(3) ロ，ニ　(4) イ，ロ，ハ
(5) ロ，ハ，ニ

ファニングの式より，圧力損失は平均流速の 2 乗に比例するので，平均流速が 2 倍になると圧力損失は 4 倍になる。

問 11 次のイ，ロ，ハ，ニの記述のうち，円管内における流体の流動について正しいものはどれか。 平成 27

×イ．流れが層流または乱流であるかは，~~ファニングの式~~により平均流速や管の内径などを用いて算定される数値により判別される。 レイノルズ数

○ロ．一般に，液体輸送は乱流域で行われるが，粘度の高い液体では，層流域で輸送されることが多い。

○ハ．乱流域での圧力損失の値は，管摩擦係数が変わらなければ，平均流速の 2 乗に正比例する。

×ニ．圧力損失は管路の長さに正比例し，管路の断面が急激に拡大・縮小~~しても~~圧力損失~~は生じない~~。 すると が生じる。

(1) イ，ニ　(2) ロ，ハ　(3) ハ，ニ　(4) イ，ロ，ハ
(5) ロ，ハ，ニ

3-12 伝 熱

問 13 次のイ，ロ，ハ，ニの記述のうち，伝熱について正しいものはどれか。 令和 1

×イ．固体壁を隔てて高温の流体から低温の液体に熱が稼動する伝熱を，~~伝導伝熱~~という。 熱伝達（伝導伝熱は固体内の伝熱をいう。）

○ロ．次の物質を熱伝導率の大きい順に並べると次のようになる。

アルミニウム ＞ ポリエチレン ＞ 空気

○ハ．黒体から放射される熱放射エネルギーの大きさは，その黒体の熱力学温度 (K) の 4 乗に比例する。

×ニ．多孔質の材料を用いた保温材が水でぬれて細孔内に水が浸入し~~ても~~，その保温能力は~~維持される~~。 たら 著しく低下する。

(1) イ，ロ　(2) イ，ハ　(3) イ，ニ　(4) ロ，ハ
(5) ハ，ニ

問 12 次のイ，ロ，ハ，ニの記述のうち，伝熱について正しいものはどれか。 平成 30

○イ．固体表面とこれに接する流体間の熱の移動を，熱伝達という。

○ロ．流体の流れにより熱エネルギーが運ばれて起こる熱の移動を，対流伝熱という。

×ハ．固体壁を隔てて高温の流体から低温の流体への熱の移動は，伝導伝熱~~のみ~~と熱伝達により行われる。

×ニ．黒体から放射される熱放射エネルギーは，その黒体の熱力学温度の ~~2 乗~~4乗に比例する。

(1) イ，ロ　(2) イ，ハ　(3) イ，ニ　(4) ロ，ハ

(5) ハ，ニ

問 12 次のイ，ロ，ハ，ニの記述のうち，伝熱について正しいものはどれか。 平成 29

○イ．伝熱には機構的に伝導伝熱，対流伝熱および放射伝熱があるが，実際にはこれらのうち二つまたは三つが組み合わさって起きている場合が多い。

×ロ．固体内の伝熱は伝導伝熱であり，その伝熱速度はその固体の熱伝導率に~~反~~比例する。

○ハ．対流伝熱の中には，温度差により自然に起こる自然対流と，機械的に強制されて起こる強制対流がある。

○ニ．放射伝熱は，熱を伝えるのに媒体を必要としない。高温の炉などでは，この伝熱が支配的となる。

(1) イ，ロ　(2) ハ，ニ　(3) イ，ロ，ニ　(4) イ，ハ，ニ

(5) ロ，ハ，ニ

問12 次のイ，ロ，ハ，ニの記述のうち，伝熱について正しいものはどれか。 平成28

○イ．次の物質を常温における熱伝導率の大きいものから小さいものへ左から順に並べると，次のようになる。

アルミニウム>水（液体）>空気

×ロ．平板壁内の高温側から低温側への定常的な伝導伝熱において，伝熱速度はその温度差に反比例する。比例する。

×ハ．多孔質材料の保温材がぬれて細孔内に水が浸入しても，水は対流しにくく保温能力は低下しない。する。（水の熱伝導率は空気の熱伝導率のおよそ20倍なので）

○ニ．低温管などに保冷材を巻く場合，結露を防ぐためには，保冷材の外表面温度を外気の露点以上に保つような保冷材厚さにする必要がある。

(1) イ，ロ　(2) イ，ハ　(3) イ，ニ　(4) ロ，ハ
(5) ハ，ニ

問12 次のイ，ロ，ハ，ニの記述のうち，伝熱について正しいものはどれか。 平成27

○イ．物質の熱伝導率は，一般的に，金属（固体）は大きく，次いで液体，気体の順に小さくなる。

×ロ．黒体から放射される熱放射エネルギーの大きさは，セルシウス度（℃）熱力学温度（K）で表したその黒体の温度の4乗に正比例する。そのため，温度が高くなると急激に大きくなる。

×ハ．空気などのガスがない状態（真空状態）では，放射伝熱が生じない。る。

○ニ．熱放射線を反射も透過もなくすべて吸収する仮想的，理想的な物体は黒体である。

(1) イ，ロ　(2) イ，ニ　(3) ロ，ハ　(4) ハ，ニ
(5) イ，ハ，ニ

問11 次のイ，ロ，ハ，ニの記述のうち，伝熱について正しいものはどれか。 平成26

×イ．伝熱の機構には，伝導伝熱（熱伝導），対流伝熱があるが，固体内の伝熱は伝導伝熱であり，その伝熱速度はその固体の厚さに~~正~~反比例する。

○ロ．対流伝熱は，流体の流れにより，熱エネルギーが運ばれて起こる熱移動である。

○ハ．放射伝熱は，熱を伝えるのに媒体を必要としない。高温の炉などでは，この伝熱が支配的となる。

×ニ．多孔質の材料を用いた保温材が水でぬれて細孔内に水が浸入し~~て~~た~~も~~ら，その保温能力は~~維持される~~。著しく低下する。

(1) イ，ロ　(2) ロ，ハ　(3) ハ，ニ　(4) イ，ロ，ニ
(5) イ，ハ，ニ

3-13 応力とひずみ，応力―ひずみ線図

応力とひずみ

問 13 次のイ，ロ，ハの記述のうち，金属材料の 応力とひずみ について正しいものはどれか。　平成 29

○イ．丸棒に引張荷重を加えると，荷重の小さい範囲では応力とひずみは正比例する。応力を σ，ひずみを ε とすると，$\sigma = E\varepsilon$ と表すことができる。このときの比例定数 E を縦弾性係数あるいはヤング率という。

○ロ．丸棒に引張荷重を加えると，変形してひずみが生じる。引張方向へのひずみを縦ひずみ ε，直角方向へのひずみを横ひずみ ε' とすると，$\nu = -\varepsilon'/\varepsilon$ で表される ν をポアソン比と呼ぶ。

×ハ．引張試験を行い破断した試験片の変形具合から，絞りを求めることができる。絞りは破断後の~~標点間の伸び量をひずみに換算して~~％で表したものである。

(1) イ　(2) ロ　(3) ハ　(4) イ，ロ　(5) イ，ハ

最小断面積と元の断面積から算出した断面積の減少率を％で表したものである。

問 13 次のイ，ロ，ハの記述のうち，金属材料の 応力とひずみ について正しいものはどれか。　平成 27

○イ．弾性変形が生じる範囲の内，荷重の小さい所では，応力 σ とひずみ ε は正比例する。これをフックの法則という。

×ロ．一様な断面をもつ棒に荷重を加え，その後荷重を除いても，棒は完全には元の形に戻らず，ひずみがゼロにならずに残ることがある。このひずみを~~弾性ひずみ~~（永久ひずみ）という。

○ハ．破断後の試験片の変形具合から伸びや絞りを求めることができる。絞りは破断後の最小断面積と元の断面積から算出した断面積の減少率を％で表したものである。

(1) イ　(2) ロ　(3) ハ　(4) イ，ロ　(5) イ，ハ

問14 次のイ，ロ，ハの記述のうち，応力とひずみについて正しいものはどれか。 平成25

×イ．軟鋼製丸棒に引張荷重を加えると，変形してひずみが生じる。このとき，縦ひずみに対する横ひずみの割合を，~~縦弾性係数またはヤング率~~ポアソン比という。

×ロ．引張試験を行い破断した後の軟鋼試験片の変形具合から，その材料の伸び（や絞り）を求めることができる。~~伸び~~（絞り）は破断後の最小断面積と元の断面積から算出した断面積の減少率を％で表したものである。（伸びは，標点間の伸び量をひずみに換算して％で表したものをいう。）

○ハ．軟鋼の引張試験において，荷重をある大きさ以上に加えた場合は，荷重を除いても変形は元に戻らない。この性質を塑性といい，このような変形を塑性変形という。

(1) イ　(2) ロ　(3) ハ　(4) イ，ロ　(5) イ，ハ

応力―ひずみ線図

問13 下の図は炭素鋼の引張試験で得られる『応力―ひずみ線図』である。次のイ，ロ，ハの記述のうち，この線図について正しいものはどれか。 平成30

×イ．X軸は応力，Y軸はひずみを表す。

○ロ．引張荷重を徐々に増やしていくとき，A点を応力とひずみが正比例する限界点とすると，原点OとA点までの範囲OAではフックの法則が成立し，その傾きは縦弾性係数の値となる。

×ハ．点Gを試験片が破断する点とすると，この点における応力を弾性限度という。

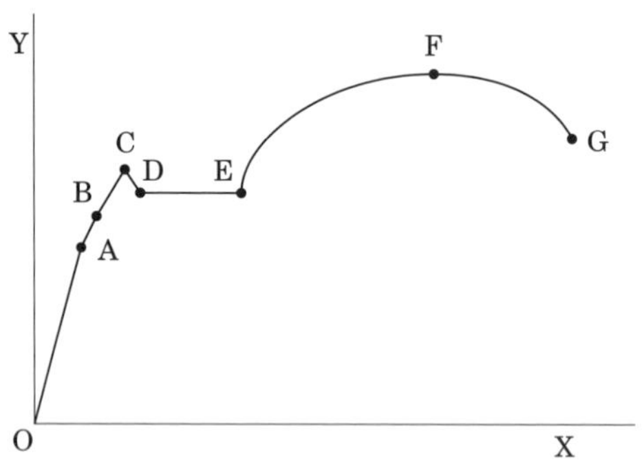

(1) イ　(2) ロ　(3) ハ　(4) イ，ロ　(5) ロ，ハ

問 13 下の図は炭素鋼の引張試験で得られる『応力—ひずみ線図』である。次のイ，ロ，ハの記述のうち，この線図について正しいものはどれか。 平成 28

○イ．X 軸はひずみ，Y 軸は応力を表す。

×ロ．F 点に相当する応力を~~弾性限度~~極限強さといい，試験片が破断する G 点に相当する応力を~~極限強さ~~破壊応力という。

○ハ．C 点から E 点に至る変形の過程を降伏という。

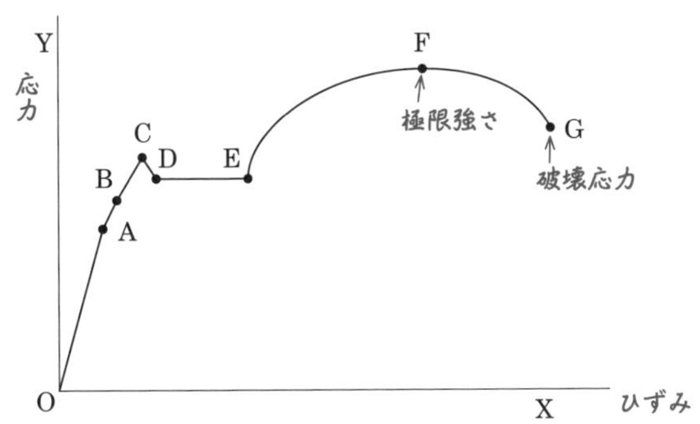

(1) イ　(2) ロ　(3) イ，ロ　(4) イ，ハ　(5) ロ，ハ

問 12 下の図は炭素鋼の引張試験で得られる「応力—ひずみ線図」である。次のイ，ロ，ハの記述のうち，この線図について正しいものはどれか。 平成 26

×イ．X 軸は~~応力~~ひずみ，Y 軸は~~ひずみ~~応力を表す。

×ロ．点 A を応力とひずみが比例して増加する限界点とすると，この点における応力値を~~降伏応力~~比例限度という。

○ハ．点 G を破断する点であり，この点の応力を破壊応力という。

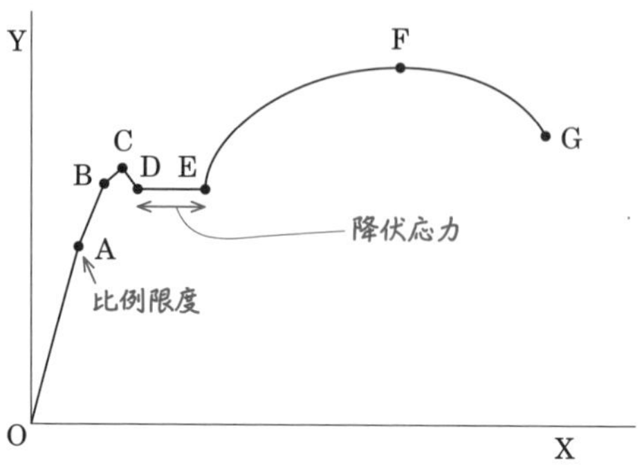

(1) イ　(2) ロ　(3) ハ（○）　(4) イ，ロ　(5) イ，ハ

3-14 金属材料の強度と破壊

問 15 次のイ，ロ，ハの記述のうち，金属材料の強度と破壊について正しいものはどれか。 令和 1

○イ．金属材料の破壊は，延性破壊と脆性破壊に大別されるが，延性破壊においては破壊するまでに大きな塑性変形が生じる特徴がある。

×ロ．クリープ現象は，クリープ速度によって区分される三つの段階を経て進行し，変形の過程で材料は次第に劣化するが，クリープにより材料が破断すること~~はない~~がある。

○ハ．金属材料の疲労に関する性質は，縦軸に応力の振幅 S，横軸に破壊するまでの繰返し数 N をとった S–N 曲線で表される。

(1) イ　(2) ロ　(3) ハ　(4) イ，ロ　(5) イ，ハ（○）

問15 次のイ，ロ，ハの記述のうち，金属材料の強度と破壊について正しいものはどれか。 平成30

○イ．棒に引張荷重が加わるとき，断面が一様であれば，内部に生じる応力は一様であるが，棒に切欠きがある場合は，応力は切欠き部に近づくと急激に増大して切欠き底部で最大になる。このように形状が変化する部分で，応力の大きい部分が生じる現象を応力集中という。

×ロ．材料の許容応力は，~~安全率~~（基準強さ）を~~基準強さ~~（安全率）で割った値として決定される。

○ハ．クリープ現象は，一般に，温度が高いほど，また材料の受ける応力が大きいほど顕著になる。

(1) イ　(2) ロ　(3) ハ　④ イ，ハ　(5) ロ，ハ

問15 次のイ，ロ，ハの記述のうち，金属材料の強度と破壊について正しいものはどれか。 平成29

○イ．材料は強度のばらつきなどの条件を考慮して，安全性の面から部材に許される最大の応力の値が設定される。このように設定された応力値を許容応力という。

×ロ．金属材料の破壊は，延性破壊と脆性破壊に大別されるが，~~脆性破壊~~（延性破壊）においては破壊するまでに大きな塑性変形を生じる特徴がある。（脆性破壊ではほとんど塑性変形を生じないで破壊に至る。）

×ハ．疲労に関する性質は，~~横軸に時間，縦軸にひずみをとったクリープ曲線~~（疲労寿命曲線（S−N曲線））で表される。

① イ　(2) ロ　(3) ハ　(4) イ，ロ　(5) ロ，ハ

問15 次のイ，ロ，ハの記述のうち，金属材料の強度と破壊について正しいものはどれか。 平成28

×イ．疲労に関する性質は，~~横軸に繰返し数，縦軸にひずみをとった応力集中曲線~~（疲労寿命曲線（S−N曲線））で表される。

○ロ．クリープに関する性質は，横軸に時間，縦軸にひずみをとったクリープ曲線で表される。

×ハ．材料の許容応力は，~~安全率を基準強さで~~（基準強さを安全率で）割った値として決定される。

(1) イ　(2) ロ　(3) ハ　(4) イ，ロ　(5) イ，ハ

問15 次のイ，ロ，ハの記述のうち，金属材料の強度と破壊について正しいものはどれか。 平成27

○イ．一定の温度のもとで，材料に一定の荷重を加えたとき，時間の経過とともにひずみが増大する現象をクリープという。一般に応力が大きいほど，あるいは温度が高いほどクリープ現象は顕著になる。

○ロ．材料の疲労に関する性質は，縦軸に応力振幅Sを，横軸に破壊するまでの繰返し数Nをとった$S-N$曲線と呼ばれる疲労寿命曲線で表される。特に応力集中のあるところでは，繰返し荷重による破壊に注意が必要である。

×ハ．通常，破壊は脆性破壊と延性破壊に大別できる。~~脆性~~（延性）破壊とは大きな塑性変形を生じたのちに破壊するものであり，~~延性~~（脆性）破壊はほとんど塑性変形を生じないで破壊に至るものである。

(1) イ　(2) ロ　(3) ハ　(4) イ，ロ　(5) イ，ハ

問14 次のイ，ロ，ハの記述のうち，金属材料の強度と破壊について正しいものはどれか。 平成26

×イ．金属材料に引張荷重が加わる場合，切欠きなどにより材料の断面形状が変化する部分では，材料内部の応力が急激に変化する。このような現象を~~クリープ~~応力集中という。クリープ 一定温度で材料に一定荷重を加えたときに時間の経過とともにひずみが増大する現象をいう。

×ロ．金属材料の~~延性~~脆性破壊では，破壊に至るまでの過程において一般的に塑性変形は生じない。延性破壊は，軟鋼試験片の引張試験のように大きな塑性変形の後に破壊するものである。

○ハ．金属材料の疲労に関する性質は，縦軸に応力の振幅S，横軸に破壊するまでの繰返し数NをとったS−N曲線で表される。

(1) イ　(2) ロ　(3) ハ（○）　(4) イ，ハ　(5) ロ，ハ

問16 次のイ，ロ，ハの記述のうち，金属材料の強度と破壊について正しいものはどれか。 平成25

○イ．材料は強度のばらつきなどの条件を考慮して，安全性の面から部材に許される最大の応力の値が設定される。このように設定された応力値を許容応力という。

○ロ．部材が繰返し荷重を受けると，その大きさが1度だけ加わっただけでは破壊しない程度の小さな荷重であっても，突然脆性的に破壊することがある。これを疲労または疲労破壊という。

×ハ．材料によっては伸び，絞りおよび衝撃値が小さく，塑性ひずみがごく小さい範囲で突然破壊することがある。このような破壊を~~クリープ~~脆性破壊という。クリープ破壊：材料がクリープ変形の過程で次第に劣化し，その結果破断することである。

(1) イ　(2) ロ　(3) ハ　(4) イ，ロ（○）　(5) ロ，ハ

3-15 炭素鋼，ステンレス鋼

炭素鋼

問 16　次のイ，ロ，ハの記述のうち，炭素鋼の熱処理について正しいものはどれか。　令和 1

○イ．焼もどしは，焼入れ後，鋼材の硬度調整や靱性改善のために行う。

○ロ．焼ならしは，鋼材の組織を微細化し均質化するために行う。

×ハ．焼なましは，鋼材を~~硬~~軟化させるために行う。

(1) イ　(2) ロ　(3) ハ　(4) イ，ロ　(5) ロ，ハ

問 16　次のイ，ロ，ハ，ニの記述のうち，炭素鋼の性質について正しいものはどれか。　平成 28

○イ．高温になるほど引張強さが低下する傾向がある。

○ロ．低温になるほど衝撃値が低下する傾向がある。

×ハ．低炭素鋼については，炭素含有量が多くなるほど引張強さが~~低下する~~大きくなる。

×ニ．熱処理によって機械的性質を変えることができ~~ない~~る。

(1) イ　(2) ロ　(3) ハ　(4) ニ　(5) イ，ロ

問 15　次のイ，ロ，ハ，ニの記述のうち，炭素鋼について正しいものはどれか。　平成 26

○イ．低温になるほど衝撃値が低下し，ある温度以下になると衝撃値がほぼゼロとなり脆くなる性質がある。

×ロ．低温になると金属組織変化および機械的性質変化により，引張強さが~~低下~~増大する傾向がある。

×ハ．炭素含有量が多いほど引張強さは増大するが，硬さ~~は減小~~も増大する。

×ニ．リンやイオウの含有量が多いほど溶接性が~~良~~悪くなる。

(1) イ　(2) ハ　(3) イ，ロ　(4) ロ，ニ　(5) ハ，ニ

問 17　次の炭素鋼の熱処理 a，b，c，d とその目的①，②，③，④との組合せとして，正しいものはどれか。 平成 25

［熱処理］

a．焼ならし　③

b．焼なまし　④

c．焼入れ　②

d．焼もどし　①

［熱処理の目的］

①　焼入れ後の硬度調整，靭性（じんせい）改善を行う。

②　硬化させる。

③　組織を微細化し均質化する。

④　内部ひずみの除去および軟化処理を行う。

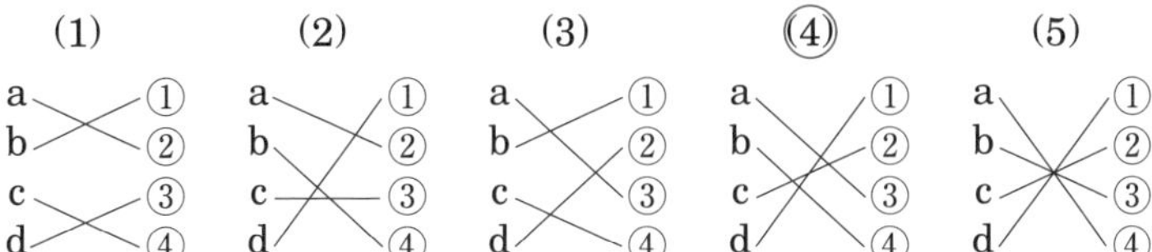

ステンレス鋼

問 16　次のイ，ロ，ハ，ニの記述のうち，ステンレス鋼について正しいものはどれか。 平成 27

○イ．淡水中では，炭素鋼より 18-8 ステンレス鋼のほうが耐食性に優れている。

○ロ．13 クロムステンレス鋼は磁性をもつが，18-8 ステンレス鋼は磁性をもたない。

○ハ．18-8 ステンレス鋼は高温強度に優れ，また低温脆性が起きない。

×ニ．18-8 ステンレス鋼は低炭素鋼に~~ニッケル~~（クロム）を約 18%，~~クロム~~（ニッケル）を約 8%含んだステンレス鋼である。

(1) イ，ロ　(2) イ，ニ　(3) ハ，ニ　(4) イ，ロ，ハ

(5) ロ，ハ，ニ

3-16 計測器，U字管圧力計，ガス濃度分析計，ベンチュリ流量計

計測器

問18 次のイ，ロ，ハ，ニの記述のうち，計測器の測定原理について正しいものはどれか。 令和1

×イ．~~バイメタル式温度計~~（抵抗温度計）は，金属や半導体の電気抵抗が温度によって変化することを利用している。

○ロ．ブルドン管圧力計は，断面がだ円状などの金属管を円弧状に曲げ，その一端を圧力導入部に固定し，他端を密閉して自由に動けるようにしたものである。

×ハ．~~容積式流量計~~（面積式流量計）は，下が細く上のほうが太いガラス製垂直管中にあるフロートの差圧と重量がバランスし静止することを利用している。

○ニ．差圧式液面計は，塔槽類の底部（液相部）にかかる圧力と気相部の圧力との差を利用している。

(1) イ，ロ　(2) イ，ハ　(3) ロ，ハ　④ ロ，ニ　(5) ハ，ニ

問18 次のイ，ロ，ハ，ニの記述のうち，計測器の測定原理について正しいものはどれか。 平成30

○イ．抵抗温度計は，金属や半導体の電気抵抗が温度によって変化することを利用している。

○ロ．隔膜式圧力計は，ダイヤフラムに加わる圧力が封入シリコンオイルなどを経由してブルドン管に伝達されることを利用している。

○ハ．オリフィス流量計は，オリフィス板の直近の上流と下流とで圧力に差が生じることを利用している。

×ニ．~~フロート式液面計~~（ディスプレーサ式液面計）は，円筒状のディスプレーサを液中に浸した際に液中に沈む深さに比例した浮力を受けることを利用している。

(1) イ，ロ　(2) イ，ニ　(3) ハ，ニ　④ イ，ロ，ハ　(5) ロ，ハ，ニ

問18 次のイ，ロ，ハ，ニの記述のうち，計測器について正しいものはどれか。 平成26

×イ．バイメタル式温度計は，熱膨張率の異なる2種類の薄い金属を張り合わせたもので，温度が上昇すると熱膨張の~~大きい~~小さいほうへ曲がる原理を利用している。

○ロ．ブルドン管圧力計は，断面がだ円状などの金属管を円弧状に曲げ，その一端を圧力導入部に固定し，他端を密閉して自由に動けるようにしたものである。

○ハ．ディスプレーサ式液面計は，ディスプレーサが液中に沈む深さに比例した浮力を受けることを利用している。

×ニ．オリフィス流量計は，管内に挿入したオリフィス板~~下流でのカルマン渦の発生~~の上流と下流の圧力差を知ることにより流量を測定する。を利用している。

カルマン渦を利用する流量計は過流量計である。

(1) イ，ロ　(2) ロ，ハ（正解）　(3) ハ，ニ　(4) イ，ロ，ニ

(5) イ，ハ，ニ

問19 次のイ，ロ，ハ，ニの記述のうち，計測機器について正しいものはどれか。 平成25

○イ．赤外線式ガス濃度分析計は，ガスの分子がその構造により特定の波長の赤外線を吸収することを利用している。

○ロ．オリフィス流量計は，オリフィス板の直近の上流と下流とで圧力に差が生じることを利用している。

×ハ．白金抵抗温度計は，センサ部分の電気抵抗値が温度上昇とともに~~小さく~~大きくなることを利用している。

×ニ．バイメタル式温度計は，熱膨張の異なる薄い金属を張り合わせた板が，温度が上昇すると熱膨張率の~~大きい~~小さいほうへ曲がることを利用している。

(1) イ，ロ（正解）　(2) イ，ハ　(3) ロ，ハ　(4) ロ，ニ

(5) ハ，ニ

U 字管圧力計

問 18 片側大気開放したU 字管圧力計（マノメータ）を使用し，送風機の吐出し圧力の測定を行う場合，その絶対圧力 (Pa) の算出式として正しいものはどれか。 平成 29

p：封入液体の密度 (kg/m^3)，g：重力加速度 (m/s^2)，p_1：大気計 (Pa)，h：液柱の高さの差 (m)

(1) $p \times g \times h + p_1$
(2) $p \div g \times h + p_1$
(3) $p \div g \div h + p_1$
(4) $p \times g \div h + p_1$
(5) $p \div g \div h - p_1$

送風機の吐出し圧力を p_2 とすると，マノメータの片側が大気開放されているので圧力差 Δp は，$\Delta p = p_2 - p_1 = p \times g \times h$ よって，$p_2 = p \times g \times h + p_1$ となる。

ガス濃度分析計

問 18 次のイ，ロ，ハの記述のうち，ガス濃度分析計について正しいものはどれか。 平成 27

○イ．赤外線式分析計は，測定対象分子の赤外線吸収量を測定することにより，その成分のガス濃度を測定するものである。

○ロ．磁気式酸素計は，強い常磁性体である酸素分子が磁場の強いほうに引き寄せられる性質を利用して，酸素の濃度を電気信号として検出し，酸素濃度を測定するものである。

×ハ．~~ジルコニア式酸素計~~（熱伝導率式分析計）は，測定ガスの酸素濃度変化による熱伝導率の変化を電気的に検出することにより，酸素濃度を測定するものである。 ジルコニア式酸素計は，安定化ジルコニアの固体電解質セラミックを用い，酸素濃度による起電力の変化を測定する。

(1) イ　(2) ロ　(3) ハ　(4) イ，ロ　(5) ロ，ハ

ベンチュリ流量計

問 12 下図はベンチュリ流量計の原理図である。次のイ，ロ，ハの記述のうち，この流量計による気体の流量測定の原理について正しいものはどれか。ただし，図中の記号は次のとおりである。 平成 25

u_1：流量計上流部の平均流速

u_2：流量計絞り部の平均流速

p_1：U 字管圧力計の上流部側にかかる圧力

p_2：U 字管圧力計の絞り部側にかかる圧力

h：U 字管圧力計の液面差

ρ：気体の密度

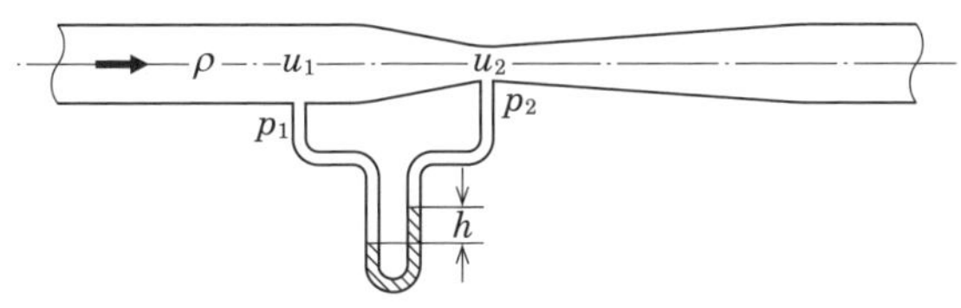

圧力差 (p_1-p_2) は，平均流速 u_2 の 2 乗に比例する。よって圧力 p_2 は平均流速 u_2 の 2 乗には比例しない。

○イ．平均流速 u_2 は，圧力差 (p_1-p_2) の平方根に比例する。

×ロ．~~圧力 p_2~~ は，平均流速 u_2 の 2 乗に比例する。

×ハ．液面差 h は，気体の体積流量が同じであれば気体の密度 ρ ~~によらない~~。（が変化すると液面差も変化する。）

(1) イ　(2) ロ　(3) ハ　(4) イ，ロ　(5) イ，ハ

3-17 金属の腐食

問 16 次のイ，ロ，ハ，ニの記述のうち，金属の腐食について正しいものはどれか。 平成 30

イ．ステンレス鋼と炭素鋼を接触させて海水中に浸すと，腐食電池ができ炭素鋼が腐食する。

ロ．応力腐食割れは，圧縮応力下にある金属が腐食環境中で割れを生じる現象である。

ハ．腐食環境内で，スラリーなどの衝突により機械的損傷を受けると腐食は促進される。

ニ．ステンレス鋼やアルミニウムの不動態皮膜は，塩化物イオンによって局部的に破壊されるため，海水中では局部的な腐食を生じる。

(1) イ，ロ　(2) イ，ニ　(3) ロ，ハ　(4) イ，ハ，ニ
(5) ロ，ハ，ニ

問 16 次のイ，ロ，ハの記述のうち，金属の腐食について正しいものはどれか。 平成 29

イ．環境の pH は，腐食に全く影響を及ぼさない。

ロ．乾食の一つとして，エロージョン・コロージョンがある。

ハ．引張応力下にある SUS 304 は，約 60℃以上の多量の塩化物イオンを含む環境で応力腐食割れを生じる。

(1) イ　(2) ロ　(3) ハ　(4) イ，ロ　(5) ロ，ハ

問17 次のイ，ロ，ハ，ニの記述のうち，金属の腐食について正しいものはどれか。 平成28

○イ．腐食電池作用により，金属表面が一様に減肉する現象を均一腐食という。

○ロ．金属表面の不動態皮膜の破壊により，局部的に孔状に侵食する現象を孔食という。

×ハ．引張応力下にある金属が，腐食環境中で割れを生じる現象を，~~エロージョン・コロージョン~~応力腐食割れという。

×ニ．水や土壌のように電流を自由に流すことができる環境中で2種類の金属が接触しているとき，一方の金属が腐食する現象を~~不均一腐食~~異種金属接触腐食という。

(1) イ，ロ　(2) イ，ハ　(3) ロ，ハ　(4) ロ，ニ
(5) ハ，ニ

問16 次のイ，ロ，ハ，ニの記述のうち，金属の腐食について正しいものはどれか。 平成26

×イ．水中における炭素鋼の腐食は，アルミニウムとの接触により~~促進される~~アルミニウムの腐食がより促進され炭素鋼の腐食が起こりにくくなる。

○ロ．アルミニウムの不動態皮膜は，塩化物イオンによって局部的に破壊され，海水中では局部的な侵食を生じる。

○ハ．腐食環境内で，スラリーなどの衝突により機械的損傷を受けると，腐食は促進される。

○ニ．水中における腐食では，金属が電子を奪われ陽イオンになる酸化反応が起こる。

(1) イ，ロ　(2) イ，ハ　(3) ハ，ニ　(4) イ，ロ，ニ
(5) ロ，ハ，ニ

3-18 溶接，溶接欠陥

溶接

問 17　次のイ，ロ，ハの記述のうち，溶接について正しいものはどれか。　平成 29

○イ．ガスシールド消耗電極式アーク溶接は，自動的に供給されたワイヤの先端と母材との間にアークを発生させ，アークおよび溶接金属をガスで覆い大気から保護して行う溶接方法である。

×ロ．~~被覆アーク~~（ティグ）溶接は，タングステン電極と被溶接部との間にアークを発生させ，被溶接部を不活性ガスでシールドして行う溶接方法である。被覆アーク溶接は，被覆アーク溶接棒と被溶接部との間にアークを発生させて溶接を行うものである。

○ハ．サブマージアーク溶接は，あらかじめ散布された粒状のフラックス中にワイヤ（電極）を送給し，ワイヤ先端と母材との間にアークを発生させて溶接を行うもので，厚板の自動溶接などに広く利用されている高能率な溶接方法である。

(1) イ　(2) ロ　(3) ハ　(4) イ，ロ　◎(5) イ，ハ

問 17　次のイ，ロ，ハの記述のうち，溶接について正しいものはどれか。　平成 27

×イ．~~ミグ（MIG）~~（サブマージアーク）溶接は，あらかじめ散布された粒状のフラックス中にワイヤを送給し，ワイヤ先端と母材との間にアークを発生させて溶接を行う。

×ロ．~~サブマージアーク~~（被覆アーク）溶接は，被覆アーク溶接棒と被溶接部との間にアークを発生させて溶接を行う。

○ハ．ティグ（TIG）溶接は，溶接部を不活性ガスでシールドしてタングステン電極と被溶接部との間にアークを発生させて溶接を行う。

(1) イ　(2) ロ　◎(3) ハ　(4) イ，ロ　(5) イ，ハ

溶接欠陥

問17 次のイ，ロ，ハ，ニの記述のうち，溶接方法および溶接欠陥について正しいものはどれか。 令和１

×イ．~~ティグ（TIG）~~（被覆アーク）溶接は，被覆アーク溶接棒と被溶接部との間にアークを発生させて溶接を行う方法である。

×ロ．~~ミグ（MIG）~~（サブマージアーク）溶接は，あらかじめ散布された粒状のフラックス中にワイヤを送給し，ワイヤ先端と母材との間にアークを発生させて溶接を行う方法である。

○ハ．溶接の止端に沿って母材が掘られて，溶着金属が満たされないで溝となって残っている部分は，アンダカットである。

○ニ．溶接境界面が互いに十分溶け合っていない溶接欠陥を，融合不良といい，完全溶込み溶接継手の場合に溶け込まない部分があるものを，溶込み不良という。

(1) イ，ハ　(2) ロ，ニ　◎(3) ハ，ニ　(4) イ，ロ，ハ　(5) イ，ロ，ニ

問17 次のイ，ロ，ハ，ニ，ホの溶接欠陥についての記述のうち，融合不良の説明として正しいものはどれか。 平成30

×イ．完全溶込み溶接継手の場合に溶け込まない部分がある状態。←溶込み不良の説明

×ロ．溶接の止端に沿って母材が掘られて，溶着金属が満たされないで溝となっている部分がある状態。←アンダカットの説明

×ハ．溶着金属が止端で母材に融合しないで重なった部分がある状態。↑オーバーラップの説明

○ニ．溶接境界面が互いに十分に溶け合っていない状態。

×ホ．溶着金属中または母材との融合部にスラグが残る状態。←スラグ巻込みの説明

(1) イ　(2) ロ　(3) ハ　◎(4) ニ　(5) ホ

問 18 次のイ，ロ，ハ，ニの記述のうち，溶接欠陥について正しいものはどれか。 平成28

×イ．~~ブローホール~~（アンダカット）は，溶接の止端に沿って母材が掘られて，溶着金属が満たされないで溝となって残ることをいう。 ブローホールは，溶着金属中に生じる球状またはほぼ球状の空洞のことである。

×ロ．~~溶込み不良~~（オーバーラップ）は，溶着金属が止端で母材に融合しないで重なることをいう。

○ハ．融合不良は，溶接境界面が互いに十分に溶け合っていないことをいう。

×ニ．~~アンダカット~~（溶込み不良）は，完全溶込み溶接継手の場合に，溶け込まない部分があることをいう。

(1) イ　(2) ロ　**(3)** ハ　(4) ニ　(5) ロ，ハ

問 17 次の溶接部の欠陥の模式図イ，ロ，ハと，欠陥の名称 a，b，c の組合せとして正しいものはどれか。 平成26

（欠陥の模式図）

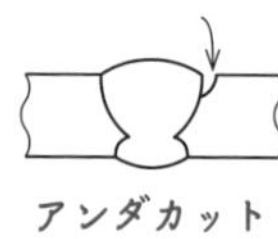

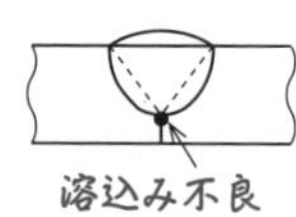

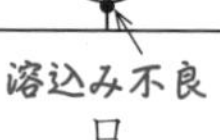

（欠陥の名称）

a．溶込み不良　完全溶込み溶接継手の場合に溶け込まない部分の欠陥をいう。

b．オーバラップ　溶着金属は止端で母材に溶着しないで重なった部分の欠陥をいう。

c．アンダカット　溶接の止端に沿って母材が掘られ溶着金属が満たされないで溝となり残った部分の欠陥をいう。

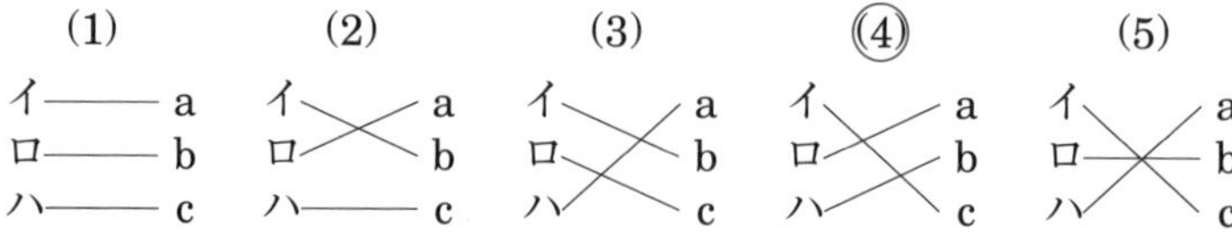

問18 次のイ，ロ，ハ，ニ，ホの溶接欠陥についての記述のうち，溶込み不良の説明として正しいものはどれか。 平成25

×イ．溶接の止端に沿って母材が掘られて，溶着金属が満たされないで溝となっている部分。アンダーカット

×ロ．溶着金属が止端で母材に融合しないで重なった部分。オーバーラップ

×ハ．溶接境界面が互いに十分に溶け合っていないこと。融合不良

○ニ．完全溶込み溶接継手の場合に溶け込まない部分があること。

×ホ．溶着金属中に生じる球状またはほぼ球状の空洞。ブローホール

(1) イ　(2) ロ　(3) ハ　(4) ニ　(5) ホ

3-19 ガスの圧縮

問19 次のイ，ロ，ハの記述のうち，ガスの圧縮について正しいものはどれか。 令和1

○イ．等温圧縮において取り去る必要のある熱量は，圧縮のために外部から加えられた仕事に相当する熱量となる。

×ロ．圧縮に要する仕事は，等温圧縮のほうが断熱圧縮よりも~~大きい~~。小さい。

×ハ．ポリトロープ圧縮は，実際に行われない理論的な圧縮であり，気体の圧力 p と体積 V の関係は，$pV=$一定 という~~ボイルの~~法則が成立する。↑ $pV^n=$一定

(1) イ　(2) ロ　(3) ハ　(4) イ，ロ　(5) イ，ハ

問19 次のイ，ロ，ハ，ニの記述のうち，ガスの圧縮について正しいものはどれか。 平成30

○イ．圧縮に要する仕事は等温圧縮の場合は最小となり，断熱圧縮の場合は最大となるため，圧縮に要する仕事を小さくするためには，できるだけ等温圧縮に近づける方法で行うのが良い。

○ロ．遠心圧縮機は，大容量のものに適し，高圧力も得られる形式のものである。

○ハ．往復圧縮機は，ピストンの往復によりガスを圧縮するもので，圧力比を大きくとる事ができる。

×ニ．サージングは，圧縮機の形式が，遠心式で~~も往復式でも発生する~~。（発生するが，往復圧縮機では発生しない。）

(1) イ，ロ　(2) イ，ニ　(3) ロ，ハ　(4) ハ，ニ

⑸ イ，ロ，ハ

問19 次のイ，ロ，ハ，ニの記述のうち，ガスの圧縮について正しいものはどれか。 平成29

（断熱圧縮では熱の出入りがないので，生じた熱はすべて内部エネルギーとして蓄えられ，ガスの温度が上昇する。）

×イ．断熱圧縮では，熱の出入りがなく，ガス温度が~~一定である~~（上昇する）。

×ロ．ポリトロープ圧縮において，気体の圧力 p と体積 V の関係は，~~$pV=$一定~~というボイルの法則が成立する。（$pV^n=$一定　nをポリトロープ指数という。）

○ハ．往復圧縮機は，ピストンの往復運動によって吸い込んだガスを圧縮して送り出す，容積形圧縮機である。

○ニ．軸流圧縮機は，動翼と静翼の間をガスが通過することにより，連続的に圧縮されるもので効率が良い。

(1) イ，ロ　(2) イ，ハ　(3) ロ，ハ　(4) ロ，ニ

⑸ ハ，ニ

平成28

問19 次のイ，ロ，ハ，ニの記述のうち，ガスの圧縮について正しいものはどれか。

○イ．等温圧縮において取り去る必要のある熱量は，圧縮のために外部から加えられた仕事に相当する熱量となる。

○ロ．断熱圧縮では圧縮比が大きいほど，吐出しガス温度が高くなる。

×ハ．実際の圧縮機におけるガス圧縮の場合，~~pV^{γ}＝一定~~（pは絶対圧力，Vは体積，~~γは断熱指数~~）の関係が成り立つ。pV^{n}＝一定（nはポリトロープ指数）

×ニ．圧縮するガスの種類，吸込み条件，圧力比などが同じであれば，圧縮に要する仕事は，~~等温圧縮~~断熱圧縮のほうが~~断熱圧縮~~等温圧縮よりも大きい。

(1) イ，ロ　(2) イ，ハ　(3) ロ，ニ　(4) イ，ロ，ニ
(5) ロ，ハ，ニ

平成27

問19 次のイ，ロ，ハ，ニの記述のうち，ガスの圧縮について正しいものはどれか。

○イ．多段圧縮では，各段の間に中間冷却器を取り付けて，圧縮による熱を取り除くことにより等温圧縮に近づけられる。

×ロ．圧縮するガスの種類，吸込み条件，圧力比などが同じであれば，圧縮機の軸動力は断熱圧縮のほうが等温圧縮よりも~~小さい~~大きい。

×ハ．吸込み圧力が0.2 MPa（ゲージ圧力），吐出し圧力が0.8 MPa（ゲージ圧力）である圧縮機の圧力比は~~4~~3である。圧力比は絶対圧力の比である。圧力比は(0.8＋0.1)/(0.2＋0.1)＝3

○ニ．実際の圧縮機のシリンダ内のガスの圧縮は，等温圧縮と断熱圧縮の中間となり，このような圧縮をポリトロープ圧縮という。

(1) イ，ハ　(2) イ，ニ　(3) ロ，ハ　(4) ハ，ニ
(5) イ，ロ，ニ

丙種化学(特別) 学識

問19 次のイ，ロ，ハ，ニの記述のうち，ガスの圧縮について正しいものはどれか。 平成26

○イ．圧縮に要する仕事は等温圧縮の場合が最小で，断熱圧縮の場合が最大となるため，ガスを圧縮する場合は，圧縮に要する仕事を小さくするために，できるだけ等温圧縮に近づける方法で行うのがよい。

×ロ．断熱圧縮の場合，熱の出入りがなくガスの温度が上昇するが，その温度上昇度合いは，ガスの種類に関係~~なく同じである~~する。。

○ハ．等温圧縮の場合，圧縮するために外部から加えられた仕事に相当する熱量を取り除くことにより pV＝一定（p は絶対圧力，V は体積）の関係が保たれる。

×ニ．実際のガス圧縮の場合，pV^n＝一定（p は絶対圧力，V は体積，n はポリトロープ指数）が成立し，n の値はガスの比熱容量の比（1以上で）（断熱指数）γ の値よりも~~大きい~~小さい。。

(1) イ，ロ　②イ，ハ　(3) ハ，ニ　(4) イ，ロ，ニ　(5) ロ，ハ，ニ

3-20 ポンプ

問20 次のイ，ロ，ハの記述のうち，ポンプについて正しいものはどれか。 令和1

○イ．ターボ形ポンプは，羽根車の形状から，遠心ポンプ，斜流ポンプ，軸流ポンプに分類される。

×ロ．遠心ポンプは，吐出し量が増えると，揚程が~~大き~~小さくなる特性がある。

○ハ．往復ポンプは，シリンダ内のピストンまたはプランジャを往復運動させるので圧送する液に脈動が発生するが，シリンダ数を増やして脈動を緩和することができる。

(1) イ　(2) ロ　(3) ハ　④イ，ハ　(5) ロ，ハ

問20 次のイ，ロ，ハ，ニの記述のうち，ポンプについて正しいものはどれか。 平成30

×イ．渦巻ポンプは，~~シリンダ内のプランジャ~~羽根車を高速回転させて，遠心力によ吐き出される液体の有する速度エネルギーを圧力エネルギーに転換させて液体を吐き出すものである。

×ロ．ターボ形ポンプには，軸流ポンプ，~~往復ポンプ~~遠心ポンプ，斜流ポンプなどがある。往復ポンプは容積形ポンプ

○ハ．ターボ形ポンプの主要部は，ケーシング，羽根車，軸，軸受，軸封部などから構成され，羽根車にはクローズ型とオープン型などの構造がある。

×ニ　軸流ポンプは，吐出し量~~の多少にかかわらず揚程が一定であり，大容量の液体の移送に適する~~が多くなると揚程は低下する。

(1) イ　**(2)** ハ　(3) イ，ロ　(4) イ，ハ　(5) ハ，ニ

問20 次のイ，ロ，ハ，ニの記述のうち，ポンプについて正しいものはどれか。 平成29

×イ．ターボ形ポンプは，羽根車の形状から遠心ポンプ，斜流ポンプ，~~回転~~軸流ポンプに分類される。回転ポンプは容積形ポンプである。

○ロ．軸流ポンプは，羽根車を液体中で回転させて揚力を液体に与えて，軸方向に吐出するものであり，低揚程，大容量の液体の移送に適する。

×ハ．往復ポンプは，シリンダ内のピストンまたはプランジャの運動が往復運動であり，シリンダの数が多いと脈動は~~大きく~~少なくなる。

○ニ．遠心ポンプの羽根車の出口に案内羽根のない形式を渦巻きポンプ，案内羽根を設けている形式をディフューザポンプと呼ぶ。

(1) イ，ロ　(2) イ，ニ　(3) ロ，ハ　**(4)** ロ，ニ

(5) ハ，ニ

問20 次のイ，ロ，ハの記述のうち，遠心ポンプの特性について正しいものはどれか。 平成28

○イ．揚程は，吐出し量が増加するに伴い低下する。

×ロ．効率は，定格値以下の吐出し量の条件では，吐出し量が増加するに伴い~~低下する~~高くなる。。

×ハ．軸動力は，吐出し量~~に関係なく一定である~~が増加するに伴い大きくなる。。

(1) イ　(2) ロ　(3) ハ　(4) イ，ハ　(5) ロ，ハ

問20 次のイ，ロ，ハ，ニの記述のうち，ポンプについて正しいものはどれか。 平成27

×イ．ターボ形ポンプは，羽根車の形状から遠心ポンプ，~~回転~~斜流ポンプ，軸流ポンプに分類される。

○ロ．遠心ポンプは，羽根車を高速回転させて，遠心力により吐き出される液体の有する速度エネルギーを圧力エネルギーに転換させて吐出し口に液体を吐き出すものである。

×ハ．軸流ポンプは，~~高~~低揚程，~~小~~大容量の液体の移送に適する。

×ニ．往復ポンプは，シリンダ内のピストンまたはプランジャの運動が往復運動~~であり，脈動は発生しない~~のため，脈動が発生する。。

(1) イ　(2) ロ　(3) ハ　(4) ニ　(5) イ，ロ

平成26

問20 次のイ，ロ，ハ，ニの記述のうち，ポンプについて正しいものはどれか。

(往復ポンプは容積形ポンプである。)

×イ．ターボ形ポンプには，遠心ポンプ，~~往復ポンプ~~ 斜流ポンプ，軸流ポンプなどがある。

○ロ．往復ポンプの脈動を低減する方法の一つとして，吐出し配管にアキュムレータを取り付ける。

○ハ．キャビテーションの発生を防止する方法の一つとして，ポンプの据付位置をできるだけ下げて吸込み揚程を小さくする。

×ニ．ウォータハンマの発生を防止する方法の一つとして，ポンプの吐出し配管内の流速が~~速く~~ 遅くなるような配管径を選定する。

(1) イ，ロ　(2) イ，ハ　(3) ロ，ハ（正解）　(4) ロ，ニ

(5) ハ，ニ

平成25

問20 次のイ，ロ，ハ，ニの記述のうち，ポンプについて正しいものはどれか。

○イ．往復ポンプは，容積形ポンプに分類される。

○ロ．往復ポンプの吐出し管系の脈動低減の方法として，アキュムレータの取付けがある。

○ハ．軸流ポンプの特性は，吐出し量を横軸にとり，揚程，軸動力，効率を縦軸にとる特性曲線によって表すことができる。

×ニ．ポンプが急に停止したり，弁が急に閉止したりした場合，管内の流速が急変すると，液圧の激しい変化が生じることがある。これを~~キャビテーション~~ 水撃作用（ウォータハンマ）という。

(1) イ，ハ　(2) イ，ニ　(3) ロ，ニ　(4) イ，ロ，ハ（正解）

(5) ロ，ハ，ニ

索　引

■英数字・記号

■ア 行

■カ 行

■サ行

■タ行

■ナ行

■ハ行

■マ行

■ヤ行

■ラ行

〈著者略歴〉
三村　修一（みむら　しゅういち）
1950年大阪市生まれ．
1972年大阪工業大学工学部電子工学科卒業後，日本トータリゼータ株式会社（当時）に入社．競馬システムの運用保守，システム開発業務に従事．システム監査技術者，医療情報技師．
現在，高圧ガスを取り扱う運送会社で運行管理補助業務に携わる．
運行管理者試験合格，高圧ガス製造保安責任者試験丙種化学（特別）合格．

項目別集中学習で最短合格！　高圧ガス製造保安責任者試験丙種化学（特別）

2020年11月25日　第1版第1刷発行
2023年11月10日　第1版第3刷発行

著　者　三村修一
発行者　村上和夫
発行所　株式会社 オーム社
郵便番号　101-8460
東京都千代田区神田錦町3-1
電話　03(3233)0641(代表)
URL https://www.ohmsha.co.jp/

組版　タイプアンドたいぽ　　印刷・製本　壮光舎印刷
ISBN978-4-274-22604-5　Printed in Japan